住房城乡建设部土建类学科专业"十三五"规划教材

国家示范性高职院校工学结合系列教材

建筑工程竣工验收与资料管理

（建筑工程技术专业）

（第二版）

陈年和　主编

中国建筑工业出版社

图书在版编目(CIP)数据

建筑工程竣工验收与资料管理/陈年和主编. —2版. —北京：中国建筑工业出版社，2018.7（2021.12重印）
住房城乡建设部土建类学科专业"十三五"规划教材.
国家示范性高职院校工学结合系列教材（建筑工程技术专业）
ISBN 978-7-112-22126-4

Ⅰ.①建… Ⅱ.①陈… Ⅲ.①建筑工程-工程验收-高等职业教育-教材②建筑工程-技术档案-档案管理-高等职业教育-教材 Ⅳ.①TU712.5②G275.3

中国版本图书馆 CIP 数据核字(2018)第 081673 号

本书是国家示范性高职院校工学结合系列教材之一，主要内容包括：建筑工程竣工验收、住宅工程质量分户验收、建筑工程施工质量验收资料填写范例、建筑工程资料的分类与整理。本书可作为高职院校土建类专业课程教材，也可供相关专业工程技术人员参考。

为便于本课程教学，作者自制免费课件资源，有需要者可与出版社联系。建工书院：http：//edu. cabplink. com，邮箱：jckj@cabp. com. cn，电话：(010) 58337285。

责任编辑：朱首明　李　明　李天虹
责任校对：王雪竹

住房城乡建设部土建类学科专业"十三五"规划教材
国家示范性高职院校工学结合系列教材
建筑工程竣工验收与资料管理
（建筑工程技术专业）
（第二版）
陈年和　主编

*

中国建筑工业出版社出版、发行（北京海淀三里河路 9 号）
各地新华书店、建筑书店经销
北京红光制版公司制版
北京市密东印刷有限公司印刷

*

开本：787×1092 毫米　1/16　印张：11　字数：246 千字
2018 年 7 月第二版　　2021 年 12 月第十四次印刷
定价：**29.00** 元（赠教师课件）
ISBN 978 - 7 - 112 - 22126 - 4
(32015)

本系列教材编委会

第二版序

　　建设教育强国是中华民族伟大复兴的基础工程，深化教育改革，加快教育现代化，办好人民满意的教育，既是党和政府的要求，也是人民的期盼。深化产教融合、校企合作、工学结合是办好职业教育的基本途径。本系列教材是在工学结合思想指导下，以学生就业岗位工作内容和过程为导向，突出"实用、适用、够用"特点，遵循认知规律编写的。本系列教材的编者大部分具有丰富的工程实践经验和较为深厚的教学理论水平。

　　本系列教材的主要特点：（1）突出工学结合特色。邀请施工企业技术人员参与教材的编写，教材内容坚持实践导向，所采用案例多来源于工程实践，工学结合特色显著，以培养学生的实践能力。（2）突出实用、适用、够用特点。以工作过程或工程项目为主线，把应用知识和实践技能在学习情境中融会贯通，使学生既能掌握扎实的理论知识，又能学以致用。（3）融入职业岗位标准、工作流程，体现职业特色。编写中根据行业或者岗位要求，把国家标准、行业标准、职业标准及工作流程引入教材中，指导学生了解、掌握相关标准及流程。学生掌握最新的知识、熟知最新的工作流程。（4）在第一版的基础上，结合新规范和 BIM 技术应用，对教材内容进行了调整。

　　本系列教材在编写工程中得到了中国建筑工业出版社的大力支持，在此，谨向支持或参与教材编写工作的有关单位、部门及个人表示衷心感谢。

　　本系列教材的出版也是学校品牌专业建设的成果之一，欢迎提出宝贵意见，以便在以后的修订中进一步完善。

江苏建筑职业技术学院

2018.1

序

20 世纪 90 年代起，我国高等职业教育进入快速发展时期，高等职业教育占据了高等教育的半壁江山，职业教育迎来了前所未有的发展机遇，特别是国家启动示范性高职院校建设项目计划，促使高职院校更加注重办学特色与办学质量、深化内涵、彰显特色。我校自 2008 年成为国家示范性高职院校建设单位以来，在课程体系与教学内容、教学实验实训条件、师资队伍、专业及专业群、社会服务能力等方面进行了深化改革，探索建设具有示范特色的教育教学体制。

本系列教材是在工学结合思想指导下，结合"工作过程系统化"课程建设思路，突出"实用、适用、够用"特点，遵循高职教育的规律编写的。本系列教材的编者大部分具有丰富的工程实践经验和较为深厚的教学理论水平。

本系列教材的主要特点有：（1）突出工学结合特色。邀请施工企业技术人员参与教材的编写，教材内容大多采用情境教学设计和项目教学方法，所采用案例多来源于工程实践，工学结合特色显著，以培养学生的实践能力。（2）突出实用、适用、够用特点。传统教材多采用学科体系，将知识切割为点。本系列教材以工作过程或工程项目为主线，将知识点串联，把实用的理论知识和实践技能在仿真情境中融会贯通，使学生既能掌握扎实的理论知识，又能学以致用。（3）融入职业岗位标准、工作流程，体现职业特色。在本系列教材编写中根据行业或者岗位要求，把国家标准、行业标准、职业标准及工作流程引入教材中，指导学生了解、掌握相关标准及流程。学生掌握最新的知识、熟知最新的工作流程，具备了实践能力，毕业后就能够迅速上岗。

根据国家示范性建设项目计划，学校开展了教材编写工作。在编写工程中得到了中国建筑工业出版社的大力支持，在此，谨向支持或参与教材编写工作的有关单位、部门及个人表示衷心感谢。

本系列教材的出版也是学校示范性建设项目成果之一，欢迎提出宝贵意见，以便在以后的修订中进一步完善。

江苏建筑职业技术学院

2010.9

第二版前言

本书自 2010 年 9 月出版后，被多所院校使用，先后被评为普通高等教育土建学科专业"十二五"规划教材和住房城乡建设部土建类学科专业"十三五"规划教材。而今，相关国家的标准与规范有了较大的更新和改动，为了更好地发挥专业规划的作用，我们对全书内容进行了修订和补充。

单元 1 根据最新版的《建筑工程施工质量验收统一标准》GB 50300—2013 进行了修订，并根据高职院校对施工技术人才的培养方案，明确了本门课程所言的"验收"是在前导课程已对检验批与分项工程验收进行学习的基础上，重点阐述分部工程验收和单位工程竣工验收，以形成完整的验收规范知识体系。住宅工程质量分户验收是大势所趋，在其他课程中都没有涉及，所以依据江苏省编制和实施的《住宅工程质量分户验收规程》DGJ32/J 103—2010，在单元 2 中对住宅工程质量分户验收的基本规定、验收内容、验收方法、验收组织和程序加以说明。在建筑工程施工质量验收的过程中，应同步形成施工质量验收资料，单元 3 则列举了施工质量验收资料的填写范例，以供读者参考借鉴。在单元 4 中，介绍了建筑工程各参建方的主要文件资料与其形成过程，以及组卷要求与装订方法。

本书再版坚持原书的指导思想，面向培养施工型技术人才的普通高职院校，以满足学生掌握验收知识与验收资料的基础知识。希望广大读者对本书不足给予指正，支持我们把本书修改得更加实用。

前　言

　　房屋的建造质量关系到使用者的切身利益和社会稳定，就单位建筑工程而言，主要是通过过程控制和"节点"验收来保证工程施工质量。这些验收节点主要有检验批验收、分项工程验收、分部（子分部）工程验收、单位（子单位）工程验收。对于检验批验收、分项工程验收、分部（子分部）工程验收已在各分部工程施工课中学习过，如基础分部、分项工程验收在《基础工程施工》课中学习，主体结构分部、分项工程验收分别在《砌体结构工程施工》、《混凝土结构工程施工》、《钢结构工程施工》等三门课中学习，装饰装修分部、分项工程验收在《装饰装修工程施工》课中学习等等。但建筑节能分部工程验收、住宅分户验收两部分在其他课程中都没有涉及，所以本门课程主要学习建筑单位工程验收体系、验收程序、验收组织；建筑节能工程分部验收；住宅分户验收；单位工程竣工验收以及相应验收资料的制作与整理等内容。本书突出案例教学，注重学生应用能力、动手能力的培养。

　　本书由江苏建筑职业技术学院陈年和主编，陈飞敏（江苏建筑职业技术学院）许菁（江苏建筑职业技术学院）、刘晓敏（黄冈职业技术学院）参编。

目 录

建筑工程竣工验收

引　言

工程质量是工程建设的核心要求，建筑工程施工质量检查与验收是保证建筑工程施工质量的重要手段。施工质量验收应依据国家有关工程建设的法令、法规、标准、规范及有关文件进行验收。为解决各专业验收规范之间统一和协调问题，以及汇总各专业验收而进行最终单位工程的竣工验收，我国特编制一本起到基础性和指导性作用的标准——《建筑工程施工质量验收统一标准》GB 50300—2013，作为整个验收规范体系的指导性标准，规定了施工质量验收的划分过程、合格标准以及人员组织等，是统一和指导其余各专业施工质量验收规范的总纲。

学习目标

通过本章的学习，你将能够

☑ 正确地划分单位（子单位）工程、分部（子分部）工程、分项工程、检验批；

☑ 按规定的程序组织分部工程验收与单位工程竣工验收，并对验收结果进行评定；

☑ 针对验收过程中出现的不合格项目，提出处理意见。

建筑工程竣工验收，是工程建设最终的质量验收，是全面检验工程建设是否符合设计要求和施工技术标准的终验，是工程动用前质量最后的一道把关，对参建各方和用户来说都至关重要。但是由于建筑工程形体庞大、工序复杂，施工环节多，影响工程质量的因素多、周期长，如果仅在工程结束时才进行验收，远远不能保证工程施工质量。

所以，现行国家标准《建筑工程施工质量验收统一标准》GB 50300—2013（以下简称《统一标准》）把庞杂的施工项目进行层层分解，实施步步验收，分解为过程控制和节点验收：单位工程分为若干个分部（子分部）工程，分部（子分部）工程再分为较小的分项工程，分项工程又分为最小的检验单位——检验批。

进行工程项目施工质量验收的时候，通过对检验批的检查与验收来保证所在的分项工程的合格，分项工程的合格保证分部（子分部）工程的合格，最后保证了整个单位（子单位）工程的质量合格。符合要求的各方验收人员应依据《统一标准》及其相配套的各专业验收规范开展验收工作。《统一标准》及其相配套的各专业验收规范共同构成了一个完整的验收规范体系。

1.1　建筑工程施工质量验收的划分

关键概念

单位工程；分部工程；分项工程；检验批。

为了有效地保证工程质量，避免不合格的施工项目（或过程）流向下一工序，一个庞杂的工程项目就需要进行层层分解与步步验收。《统一标准》里规定：建筑工程施工质量验收应划分为单位工程、分部工程、分项工程和检验批。检验批是施工项目检查与验收最小单位。

1.1.1　单位工程与子单位工程的划分

单位工程的划分按下列原则确定：

1. 具备独立施工条件并能形成独立使用功能的建筑物及构筑物为一个单位工程。

建筑物及构筑物的单位工程是由建筑工程和建筑设备安装工程共同组成。如住宅小区建筑群中的一栋住宅楼，学校建筑群中的一栋教学楼、办公楼等。单位工程最多由十个分部组成：地基与基础、主体结构、建筑装饰装修、建筑屋面、建筑节能五个分部为建筑工程；建筑给水、排水及采暖、建筑电气、智能建筑、通风与空调、电梯五个分部为建筑设备安装工程。但在单位工程中，不一定都有十个分部，如多层的一般民用住宅楼没有电梯分部工程和智能建筑分部工程。

2. 建筑规模较大的单位工程，可将其能形成独立使用功能的部分划分为一个子单位工程。

随着经济的发展和施工技术的进步，单体工程的建筑规模越来越大，综合使用功能越来越多，在施工过程中，受多种因素的影响，如后期建设资金缺口、部分停建缓建，这种情况时有发生，为发挥投资效益，常需要将其中一部分已建成的提前使用，再加之建筑规模特别大的建筑物，进行一次性检验难以实施，显然根据第 1 条作为划分原则，已不能适应当前的实际情况，为确保工程质量，又利于强化验收，故作了划分子单位工程的规定。

子单位工程的划分，也必须具有独立施工条件和具有独立的使用功能。如某超高层建筑地上为 50 层，1～10 层欲提前交工使用，可以作为一个子单位工程提前交付使用。

又如，某医科大学附属医院新建一医疗综合楼，包括 1 个主楼，2 个附楼，中间有变形缝分隔。主楼为住院楼，22 层；2 个附楼，其中一个为医疗楼，10 层，另一个为门诊楼，6 层。把它们作为一个单位工程是可以的，但为了施工管理方便，再加之还有可能分包的情况，更为了尽快发挥使用功能和经济效益，可以把 6 层的门诊楼、10 层的医疗楼、22 层的住院楼分期建成，并各自按有关规定进行竣工验收和备案，则可以把 3 栋楼划分为 3 个子单位工程，分别按要求进行管理。

子单位工程的划分，由建设单位、监理单位、施工单位自行商议确定。

1.1.2 分部工程与子分部工程的划分

《统一标准》规定：

1. 分部工程的划分可按专业性质、工程部位确定。

建筑工程（构筑物）是由土建工程和建筑设备安装工程共同组成的。建筑工程可分为地基与基础、主体结构、建筑装饰装修、建筑屋面、建筑给水排水及采暖、建筑电气、智能建筑、通风与空调、电梯、建筑节能等十个分部。

2. 当分部工程较大或较复杂时，可按材料种类、施工特点、施工程序、专业系统及类别将分部工程划分为若干子分部工程。

随着人们对建筑物的使用功能要求越来越高，建筑物相同部位的设计多样化，建筑物内部设施的多样化，"四新"的推广使用，按专业性质、建筑部位来划分分部工程已远远不能适应发展的要求，子分部工程的划分可按相近工作内容和系统划分。较小的工程项目也可以不进行子分部工程的划分。

在《统一标准》中，分部工程已经给出，是完全确定的内容，子分部工程虽已列出，但在实际施工中可以增加。建筑工程分部（子分部）工程的划分参见表 1-1。

建筑与结构中分部工程界定需要说明如下：

（1）主体与地基基础：无地下室以 ±0.00 或防潮层为界；有地下室以首层地面下结构（楼板）为界；桩基以承台梁上皮为界。

（2）主体与装饰装修：砌筑、焊接连接纳入主体结构分部工程；铁钉、螺丝、胶粘连接的纳入装饰装修分部工程。

(3) 地基基础与装饰装修：以室内地面基层下皮为界。

分部工程是汇总一个阶段分项工程的总量。分部工程的质量，完全取决于分项工程的质量。

1.1.3 分项工程的划分

分项工程的划分应按主要工种、材料、施工工艺、设备类别等进行划分。

如按瓦工的砖砌体工程、木工的模板工程、油漆工的涂饰工程；如按材料在砌体结构工程中，可分为砖砌体、混凝土小型空心砖砌体、填充墙砌体、配筋砖砌体工程等分项工程。

分项工程的名称和划分，《统一标准》中已经列表给出，详见表1-1。

可以说，该表基本包含了工程实际中所遇到的所有分项，但施工中若遇到了该表没有的列项，可另外定义。

建筑工程的分部工程、分项工程划分 表 1-1

序号	分部工程	子分部工程	分项工程
1	地基与基础	地基	素土、灰土地基，砂和砂石地基，土工合成材料地基，粉煤灰地基，强夯地基，注浆地基，预压地基，砂石桩复合地基，高压旋喷注浆地基，水泥土搅拌桩地基，土和灰土挤密桩复合地基，水泥粉煤灰碎石桩复合地基，夯实水泥土桩复合地基
		基础	无筋扩展基础，钢筋混凝土扩展基础，筏形与箱形基础，钢结构基础，钢管混凝土结构基础，型钢混凝土结构基础，钢筋混凝土预制桩基础，泥浆护壁成孔灌注桩基础，干作业成孔桩基础，长螺旋钻孔压灌桩基础，沉管灌注桩基础，钢桩基础，锚杆静压桩基础，岩石锚杆基础，沉井与沉箱基础
		基坑支护	灌注桩排桩围护墙，板桩围护墙，咬合桩围护墙，型钢水泥土搅拌墙，土钉墙，地下连续墙，水泥土重力式挡墙，内支撑，锚杆，与主体结构相结合的基坑支护
		地下水控制	降水与排水，回灌
		土方	土方开挖，土方回填，场地平整
		边坡	喷锚支护，挡土墙，边坡开挖
		地下防水	主体结构防水，细部构造防水，特殊施工法结构防水，排水，注浆
2	主体结构	混凝土结构	模板，钢筋，混凝土，预应力，现浇结构，装配式结构
		砌体结构	砖砌体，混凝土小型空心砌块砌体，石砌体，配筋砌体，填充墙砌体
		钢结构	钢结构焊接，紧固件连接，钢零部件加工，钢构件组装及预拼装，单层钢结构安装，多层及高层钢结构安装，钢管结构安装，预应力钢索和膜结构，压型金属板，防腐涂料涂装，防火涂料涂装
		钢管混凝土结构	构件现场拼装，构件安装，钢管焊接，构件连接，钢管内钢筋骨架，混凝土
		型钢混凝土结构	型钢焊接，紧固件连接，型钢与钢筋连接，型钢构件组装及预拼装，型钢安装，模板，混凝土
		铝合金结构	铝合金焊接，紧固件连接，铝合金零部件加工，铝合金构件组装，铝合金构件预拼装，铝合金框架结构安装，铝合金空间网格结构安装，铝合金面板，铝合金幕墙结构安装，防腐处理
		木结构	方木与原木结构，胶合木结构，轻型木结构，木结构的防护

续表

序号	分部工程	子分部工程	分项工程
3	建筑装饰装修	建筑地面	基层铺设，整体面层铺设，板块面层铺设，木、竹面层铺设
		抹灰	一般抹灰，保温层薄抹灰，装饰抹灰，清水砌体勾缝
		外墙防水	外墙砂浆防水，涂膜防水，透气膜防水
		门窗	木门窗安装，金属门窗安装，塑料门窗安装，特种门安装，门窗玻璃安装
		吊顶	整体面层吊顶，板块面层吊顶，格栅吊顶
		轻质隔墙	板材隔墙，骨架隔墙，活动隔墙，玻璃隔墙
		饰面板	石板安装，陶瓷板安装，木板安装，金属板安装，塑料板安装
		饰面砖	外墙饰面砖粘贴，内墙饰面砖粘贴
		幕墙	玻璃幕墙安装，金属幕墙安装，石材幕墙安装，陶板幕墙安装
		涂饰	水性涂料涂饰，溶剂型涂料涂饰，美术涂饰
		裱糊与软包	裱糊，软包
		细部	橱柜制作与安装，窗帘盒和窗台板制作与安装，门窗套制作与安装，护栏和扶手制作与安装，花饰制作与安装
4	屋面	基层与保护	找坡层和找平层，隔汽层，隔离层，保护层
		保温与隔热	板状材料保温层，纤维材料保温层，喷涂硬泡聚氨酯保温层，现浇泡沫混凝土保温层，种植隔热层，架空隔热层，蓄水隔热层
		防水与密封	卷材防水层，涂膜防水层，复合防水层，接缝密封防水
		瓦面与板面	烧结瓦和混凝土瓦铺装，沥青瓦铺装，金属板铺装，玻璃采光顶铺装
		细部构造	檐口，檐沟和天沟，女儿墙和山墙，水落口，变形缝，伸出屋面管道，屋面出入口，反梁过水孔，设施基座，屋脊，屋顶窗
5	建筑给水排水及供暖	室内给水系统	给水管道及配件安装，给水设备安装，室内消火栓系统安装，消防喷淋系统安装，防腐，绝热，管道冲洗、消毒，试验与调试
		室内排水系统	排水管道及配件安装，雨水管道及配件安装，防腐，试验与调试
		室内热水系统	管道及配件安装，辅助设备安装，防腐，绝热，试验与调试
		卫生器具	卫生器具安装，卫生器具给水配件安装，卫生器具排水管道安装，试验与调试
		室内供暖系统	管道及配件安装，辅助设备安装，散热器安装，低温热水地板辐射供暖系统安装，电加热供暖系统安装，燃气红外辐射供暖系统安装，热风供暖系统安装，热计量及调控装置安装，试验与调试，防腐，绝热
		室外给水管网	给水管道安装，室外消火栓系统安装，试验与调试
		室外排水管网	排水管道安装，排水管沟与井池，试验与调试
		室外供热管网	管道及配件安装，系统水压试验，土建结构，防腐，绝热，试验与调试
		建筑饮用水供应系统	管道及配件安装，水处理设备及控制设施安装，防腐，绝热，试验与调试
		建筑中水系统及雨水利用系统	建筑中水系统、雨水利用系统管道及配件安装，水处理设备及控制设施安装，防腐，绝热，试验与调试
		游泳池及公共浴池水系统	管道及配件系统安装，水处理设备及控制设施安装，防腐，绝热，试验与调试
		水景喷泉系统	管道系统及配件安装，防腐，绝热，试验与调试
		热源及辅助设备	锅炉安装，辅助设备及管道安装，安全附件安装，换热站安装，防腐，绝热，试验与调试
		监测与控制仪表	检测仪器及仪表安装，试验与调试

续表

序号	分部工程	子分部工程	分项工程
6	通风与空调	送风系统	风管与配件制作，部件制作，风管系统安装，风机与空气处理设备安装，风管与设备防腐，旋流风口、岗位送风口、织物（布）风管安装，系统调试
		排风系统	风管与配件制作，部件制作，风管系统安装，风机与空气处理设备安装，风管与设备防腐，吸风罩及其他空气处理设备安装，厨房、卫生间排风系统安装，系统调试
		防排烟系统	风管与配件制作，部件制作，风管系统安装，风机与空气处理设备安装，风管与设备防腐，排烟风阀（口）、常闭正压风口、防火风管安装，系统调试
		除尘系统	风管与配件制，部件制作，风管系统安装，风机与空气处理设备安装，风管与设备防腐，除尘器与排污设备安装，吸尘罩安装，高温风管绝热，系统调试
		舒适性空调系统	风管与配件制作，部件制作，风管系统安装，风机与空气处理设备安装，风管与设备防腐，组合式空调机组安装，消声器、静电除尘器、换热器、紫外线灭菌器等设备安装，风机盘管、变风量与定风量送风装置、射流喷口等末端设备安装，风管与设备绝热，系统调试
		恒温恒湿空调系统	风管与配件制作，部件制作，风管系统安装，风机与空气处理设备安装，风管与设备防腐，组合式空调机组安装，电加热器、加湿器等设备安装，精密空调机组安装，风管与设备绝热，系统调试
		净化空调系统	风管与配件制作，部件制作，风管系统安装，风机与空气处理设备安装，风管与设备防腐，净化空调机组安装，消声器、静电除尘器、换热器、紫外线灭菌器等设备安装，中、高效过滤器及风机过滤器单元等末端设备清洗与安装，洁净度测试，风管与设备绝热，系统调试
		地下人防通风系统	风管与配件制作，部件制作，风管系统安装，风机与空气处理设备安装，风管与设备防腐，过滤吸收器、防爆波活门、防爆超压排气活门等专用设备安装，系统调试
		真空吸尘系统	风管与配件制作，部件制作，风管系统安装，风机与空气处理设备安装，风管与设备防腐，管道安装，快速接口安装，风机与滤尘设备安装，系统压力试验及调试
		冷凝水系统	管道系统及部件安装，水泵及附属设备安装，管道冲洗，管道、设备防腐，板式热交换器，辐射板及辐射供热、供冷地埋管，热泵机组设备安装，管道、设备绝热，系统压力试验及调试
		空调（冷、热）水系统	管道系统及部件安装，水泵及附属设备安装，管道冲洗，管道、设备防腐，冷却塔与水处理设备安装，防冻伴热设备安装，管道、设备绝热，系统压力试验及调试
		冷却水系统	管道系统及部件安装，水泵及附属设备安装，管道冲洗，管道、设备防腐，系统灌水渗漏及排放试验，管道、设备绝热
		土壤源热泵换热系统	管道系统及部件安装，水泵及附属设备安装，管道冲洗，管道、设备防腐，埋地换热系统与管网安装，管道、设备绝热，系统压力试验及调试
		水源热泵换热系统	管道系统及部件安装，水泵及附属设备安装，管道冲洗，管道、设备防腐，地表水源换热管及管网安装，除垢设备安装，管道、设备绝热，系统压力试验及调试
		蓄能系统	管道系统及部件安装，水泵及附属设备安装，管道冲洗，管道、设备防腐，蓄水罐与蓄冰槽、罐安装，管道、设备绝热，系统压力试验及调试

续表

序号	分部工程	子分部工程	分项工程
6	通风与空调	压缩式制冷（热）设备系统	制冷机组及附属设备安装，管道、设备防腐，制冷剂管道及部件安装，制冷剂灌注，管道、设备绝热，系统压力试验及调试
		吸收式制冷设备系统	制冷机组及附属设备安装，管道、设备防腐，系统真空试验，溴化锂溶液加灌，蒸汽管道系统安装，燃气或燃油设备安装，管道、设备绝热，试验及调试
		多联机（热泵）空调系统	室外机组安装，室内机组安装，制冷剂管路连接及控制开关安装，风管安装，冷凝水管道安装，制冷剂灌注，系统压力试验及调试
		太阳能供暖空调系统	太阳能集热器安装，其他辅助能源、换热设备安装，蓄能水箱、管道及配件安装，防腐，绝热，低温热水地板辐射采暖系统安装，系统压力试验及调试
		设备自控系统	温度、压力与流量传感器安装，执行机构安装调试，防排烟系统功能测试，自动控制及系统智能控制软件调试
7	建筑电气	室外电气	变压器、箱式变电所安装，成套配电柜、控制柜（屏、台）和动力、照明配电箱（盘）及控制柜安装，梯架、支架、托盘和槽盒安装，导管敷设，电缆敷设，管内穿线和槽盒内敷线，电缆头制作、导线连接和线路绝缘测试，普通灯具安装，专用灯具安装，建筑照明通电试运行，接地装置安装
		变配电室	变压器、箱式变电所安装，成套配电柜、控制柜（屏、台）和动力、照明配电箱（盘）安装，母线槽安装，梯架、支架、托盘和槽盒安装，电缆敷设，电缆头制作、导线连接和线路绝缘测试，接地装置安装，接地干线敷设
		供电干线	电气设备试验和试运行，母线槽安装，梯架、支架、托盘和槽盒安装，导管敷设，电缆敷设，管内穿线和槽盒内敷线，电缆头制作、导线连接和线路绝缘测试，接地干线敷设
		电气动力	成套配电柜、控制柜（屏、台）和动力配电箱（盘）安装，电动机、电加热器及电动执行机构检查接线，电气设备试验和试运行，梯架、支架、托盘和槽盒安装，导管敷设，电缆敷设，管内穿线和槽盒内敷线，电缆头制作、导线连接和线路绝缘测试
		电气照明	成套配电柜、控制柜（屏、台）和照明配电箱（盘）安装，梯架、支架、托盘和槽盒安装，导管敷设，管内穿线和槽盒内敷线，塑料护套线直敷布线，钢索配线，电缆头制作、导线连接和线路绝缘测试，普通灯具安装，专用灯具安装，开关、插座、风扇安装，建筑照明通电试运行
		备用和不间断电源	成套配电柜、控制柜（屏、台）和动力、照明配电箱（盘）安装，柴油发电机组安装，不间断电源装置及应急电源装置安装，母线槽安装，导管敷设，电缆敷设，管内穿线和槽盒内敷线，电缆头制作、导线连接和线路绝缘测试，接地装置安装
		防雷及接地	接地装置安装，防雷引下线及接闪器安装，建筑物等电位连接，浪涌保护器安装
8	智能建筑	智能化集成系统	设备安装，软件安装，接口及系统调试，试运行
		信息接入系统	安装场地检查
		用户电话交换系统	线缆敷设，设备安装，软件安装，接口及系统调试，试运行
		信息网络系统	计算机网络设备安装，计算机网络软件安装，网络安全设备安装，网络安全软件安装，系统调试，试运行
		综合布线系统	梯架、托盘、槽盒和导管安装，线缆敷设，机柜、机架、配线架安装，信息插座安装，链路或信道测试，软件安装，系统调试，试运行

续表

序号	分部工程	子分部工程	分项工程
8	智能建筑	移动通信室内信号覆盖系统	安装场地检查
		卫星通信系统	安装场地检查
		有线电视及卫星电视接收系统	梯架、托盘、槽盒和导管安装，线缆敷设，设备安装、软件安装，系统调试，试运行
		公共广播系统	梯架、托盘、槽盒和导管安装，线缆敷设，设备安装，软件安装，系统调试，试运行
		会议系统	梯架、托盘、槽盒和导管安装，线缆敷设，设备安装，软件安装，系统调试，试运行
		信息导引及发布系统	梯架、托盘、槽盒和导管安装，线缆敷设，显示设备安装，机房设备安装，软件安装，系统调试，试运行
		时钟系统	梯架、托盘、槽盒和导管安装，线缆敷设，设备安装，软件安装，系统调试，试运行
		信息化应用系统	梯架、托盘、槽盒和导管安装，线缆敷设，设备安装，软件安装，系统调试，试运行
		建筑设备监控系统	梯架、托盘、槽盒和导管安装，线缆敷设，传感器安装，执行器安装，控制器、箱安装，中央管理工作站和操作分站设备安装，软件安装，系统调试，试运行
		火灾自动报警系统	梯架、托盘、槽盒和导管安装，线缆敷设，探测器类设备安装，控制器类设备安装，其他设备安装，软件安装，系统调试，试运行
		安全技术防范系统	梯架，托盘，槽盒和导管安装，线缆敷设，设备安装，软件安装，系统调试，试运行
		应急响应系统	设备安装，软件安装，系统调试，试运行
		机房	供配电系统，防雷与接地系统，空气调节系统，给水排水系统，综合布线系统，监控与安全防范系统，消防系统，室内装饰装修，电磁屏蔽，系统调试，试运行
		防雷与接地	接地装置，接地线，等电位联接，屏蔽设施，电涌保护器，线缆敷设，系统调试，试运行
9	建筑节能	围护系统节能	墙体节能，幕墙节能，门窗节能，屋面节能，地面节能
		供暖空调设备及管网节能	供暖节能，通风与全调设备节能，空调与供暖系统冷热源节能，空调与供暖系统管网节能
		电气动力节能	配电节能，照明节能
		监控系统节能	监测系统节能，控制系统节能
		可再生能源	地源热泵系统节能，太阳能光热系统节能，太阳能光伏节能
10	电梯	电力驱动的曳引式或强制式电梯	设备进场验收，土建交接检验，驱动主机，导轨，门系统，轿厢，对重，安全部件，悬挂装置，随行电缆，补偿装置，电气装置，整机安装验收
		液压电梯	设备进场验收，土建交接检验，液压系统，导轨，门系统，轿厢，对重，安全部件，悬挂装置，随行电缆，电气装置，整机安装验收
		自动扶梯自动人行道	设备进场验收，土建交接检验，整机安装验收

注：本表主要摘自《建筑工程施工质量验收统一标准》GB 50300—2013 附录 B。

对于一个多层或高层建筑，每一层都有瓦工的砖砌体工程或木工的模板工程，全部分项施工完成再进行验收根本不可能；就是同一层瓦工的砖砌体工程、木工的模板工程，可能工程量也很大，也应该进行中间验收，故应该进行分项工程的再划分。

1.1.4　检验批的划分

分项工程可由一个或若干个检验批组成。《统一标准》规定：检验批可根据施工、质量控制和专业验收需要，按工程量、楼层、施工段、变形缝等进行划分。

分项工程划分为检验批进行验收，有助于及时纠正施工中出现的质量问题，确保工程质量，也符合施工实际需要。关于检验批的具体划分，《统一标准》上没有像分项工程那样具体给出。实际施工前可以根据工程的具体情况进行确定，可以在施工组织设计中体现出来。

一般来说，分项工程检验批的划分，可按如下原则确定：

(1) 工程量较少的分项工程可统一划为一个检验批，地基基础分部工程中的分项工程一般划为一个检验批，安装工程一般按一个设计系统或设备组别划分为一个检验批，室外工程统一划为一个检验批。

(2) 多层及高层建筑工程中主体分部的分项工程可按楼层或施工段划分检验批。

(3) 单层建筑工程中的分项工程可按变形缝等划分检验批。

(4) 地基基础分部工程中的分项工程一般划分为一个检验批，有地下层的基础工程可按不同地下层划分检验批。

(5) 屋面分部工程中的分项工程可按不同楼层屋面划分不同的检验批。

(6) 其他分部工程中的分项工程一般按楼层划分检验批。

(7) 散水、台阶、明沟等工程含在地面检验批中。

对于地基基础中的土石方、基坑支护子分部工程及混凝土工程中的模板工程，虽不构成建筑工程实体，但它是建筑工程施工不可缺少的重要环节和必要条件，其施工质量如何，不仅关系到能否施工和施工安全，也关系到建筑工程的质量，因此将其列入施工验收内容是应该的。

为具体说明检验批划分规律，现以一例说明。某工程为钢筋混凝土框架结构，地下一层，地上六层，桩基础，施工方案中施工缝设在 21 轴线附近。建设单位、监理单位、施工单位对本工程检验批划分作了如下商定：

地基基础分部工程中的分项工程划分为一个检验批，预制桩（钢筋笼及混凝土施工）按施工方案划分检验批，主体、屋面、装饰装修分部工程中的分项工程按楼层、变形缝（流水段）划分为两个检验批，电气和给水排水分部工程中分项工程按一个设计系统或设备组别划分检验批，并据此收集整理施工技术资料和组织验收。

施工验收过程中检验批若有变更，由建设、监理、施工单位另行商议确定。此工程检验批划分见表 1-2。

×××楼检验批划分计划表　　　　　　　　　　　　　　表 1-2

分部工程	分项工程	检验批	
		编号	检验批名称
01 地基基础分部工程	010601 模板（预制构件）（Ⅰ）	01060101	混凝土预制桩（1～80 根）模板安装工程检验批质量验收记录表
		01060102	混凝土预制桩（81～160 根）模板安装工程检验批质量验收记录表
		01060103	混凝土预制桩（161～245 根）模板安装工程检验批质量验收记录表
	010403 混凝土预制桩（钢筋骨架）（Ⅰ）	01040301	混凝土预制桩（钢筋骨架）工程检验批质量验收记录表
		01040302	混凝土预制桩（钢筋骨架）工程检验批质量验收记录表
	010403 混凝土预制桩（混凝土浇捣及打桩）（Ⅱ）	01040301	混凝土预制桩工程检验批质量验收记录表（混凝土预制桩浇捣）
		01040302	混凝土预制桩工程检验批质量验收记录表（混凝土预制桩浇捣）
		01040303	混凝土预制桩工程检验批质量验收记录表（混凝土预制桩浇捣）
		01040304	混凝土预制桩工程检验批质量验收记录表（打桩施工）
		01040305	混凝土预制桩工程检验批质量验收记录表（打桩施工）
		01040306	混凝土预制桩工程检验批质量验收记录表（开挖后验收）
	010101 土方开挖	01010101	土方开挖工程检验批质量验收记录表
	010102 土方回填	01010201	土方回填工程检验批质量验收记录表
	010601 模板（安装、拆除）（Ⅱ）	01060101	（基础 1～40 轴）模板安装工程检验批质量验收记录表
		01060102	（地下一层 1～21 轴）模板安装工程检验批质量验收记录表
		01060103	（地下一层 21～40 轴）模板安装工程检验批质量验收记录表
	010601 模板（安装、拆除）（Ⅲ）	01060101	（基础 1～40 轴）模板拆除工程检验批质量验收记录表
		01060102	（地下一层 1～21 轴）模板拆除工程检验批质量验收记录表
		01060103	（地下一层 21～40 轴）模板拆除工程检验批质量验收记录表
	010602 基础钢筋（加工）（Ⅰ）	01060201	（基础 1～40 轴）钢筋加工工程检验批质量验收记录表
		01060202	（地下一层 1～21 轴）钢筋加工工程检验批质量验收记录表
		01060203	（地下一层 21～40 轴）钢筋加工工程检验批质量验收记录表
	010602 基础钢筋（安装）（Ⅱ）	01060201	（基础 1～40 轴）钢筋安装工程检验批质量验收记录表
		01060202	（地下一层 1～21 轴）钢筋安装工程检验批质量验收记录表
		01060203	（地下一层 21～40 轴）钢筋安装工程检验批质量验收记录表
	010603 混凝土（原材料及配合比施工）	01060301	（基础垫层 1～40 轴）混凝土施工检验批质量验收记录表
		01060302	（基础 1～40 轴）混凝土施工检验批质量验收记录表
		01060303	（地下一层 1～21 轴）混凝土施工检验批质量验收记录表
		01060304	（地下一层 21～40 轴）混凝土施工检验批质量验收记录表
	010604 现浇结构、外观尺寸偏差	01060401	（基础垫层 1～40 轴）现浇结构外观尺寸偏差检验批质量验收记录表
		01060402	（基础 1～40 轴）现浇结构外观尺寸偏差检验批质量验收记录表
		01060403	（地下一层 1～21 轴）现浇结构外观尺寸偏差检验批质量验收记录表
		01060404	（地下一层 21～40 轴）现浇结构外观尺寸偏差检验批质量验收记录表
02 主体结构分部工程	020101 模板（安装、预制构件、拆除）（Ⅰ）	02010101	（一层 1～21 轴）模板安装工程检验批质量验收记录表
		02010102	（一层 21～40 轴）模板安装工程检验批质量验收记录表
		02010103	（二层 1～21 轴）模板安装工程检验批质量验收记录表
		02010104	（二层 21～40 轴）模板安装工程检验批质量验收记录表
		02010105	（三层 1～21 轴）模板安装工程检验批质量验收记录表
		02010106	（三层 21～40 轴）模板安装工程检验批质量验收记录表
		02010107	（四层 1～21 轴）模板安装工程检验批质量验收记录表
		02010108	（四层 21～40 轴）模板安装工程检验批质量验收记录表

续表

分部工程	分项工程	检验批		
		编号	检验批名称	
02 主体结构分部工程	020101 模板（安装、预制构件、拆除）（Ⅰ）	02010109	（五层1～21轴）模板安装工程检验批质量验收记录表	
		02010110	（五层21～40轴）模板安装工程检验批质量验收记录表	
		02010111	（六层1～21轴）模板安装工程检验批质量验收记录表	
		02010112	（六层21～40轴）模板安装工程检验批质量验收记录表	
		02010113	（屋面1～21轴）模板安装工程检验批质量验收记录表	
		02010114	（屋面21～40轴）模板安装工程检验批质量验收记录表	
	020101 模板（安装、预制构件、拆除）（Ⅱ）	02010101	（一层1～21轴）模板拆除工程检验批质量验收记录表	
		02010102	（一层21～40轴）模板拆除工程检验批质量验收记录表	
		02010103	（二层1～21轴）模板拆除工程检验批质量验收记录表	
		02010104	（二层21～40轴）模板拆除工程检验批质量验收记录表	
		02010105	（三层1～21轴）模板拆除工程检验批质量验收记录表	
		02010106	（三层21～40轴）模板拆除工程检验批质量验收记录表	
		02010107	（四层1～21轴）模板拆除工程检验批质量验收记录表	
		02010108	（四层21～40轴）模板拆除工程检验批质量验收记录表	
		02010109	（五层1～21轴）模板拆除工程检验批质量验收记录表	
		02010110	（五层21～40轴）模板拆除工程检验批质量验收记录表	
		02010111	（六层1～21轴）模板拆除工程检验批质量验收记录表	
		02010112	（六层21～40轴）模板拆除工程检验批质量验收记录表	
		02010113	（屋面1～21轴）模板拆除工程检验批质量验收记录表	
		02010114	（屋面21～40轴）模板拆除工程检验批质量验收记录表	
	020102 钢筋（加工、安装）（Ⅰ）	02010201	（一层1～40轴）钢筋加工检验批质量验收记录表	
		02010202	（二层1～40轴）钢筋加工检验批质量验收记录表	
		02010203	（三层1～40轴）钢筋加工检验批质量验收记录表	
		02010204	（四层1～40轴）钢筋加工检验批质量验收记录表	
		02010205	（五层1～40轴）钢筋加工检验批质量验收记录表	
		02010206	（六层1～40轴）钢筋加工检验批质量验收记录表	
		02010207	（屋面层1～40轴）钢筋加工检验批质量验收记录表	
	020102 钢筋（加工、安装）（Ⅱ）	02010201	（一层1～21轴）钢筋安装工程检验批质量验收记录表	
		02010202	（一层21～40轴）钢筋安装工程检验批质量验收记录表	
		02010203	（二层1～21轴）钢筋安装工程检验批质量验收记录表	
		02010204	（二层21～40轴）钢筋安装工程检验批质量验收记录表	
		02010205	（三层1～21轴）钢筋安装工程检验批质量验收记录表	
		02010206	（三层21～40轴）钢筋安装工程检验批质量验收记录表	
		02010207	（四层1～21轴）钢筋安装工程检验批质量验收记录表	
		02010208	（四层21～40轴）钢筋安装工程检验批质量验收记录表	
		02010209	（五层1～21轴）钢筋安装工程检验批质量验收记录表	
		02010210	（五层21～40轴）钢筋安装工程检验批质量验收记录表	
		02010211	（六层1～21轴）钢筋安装工程检验批质量验收记录表	
		02010212	（六层21～40轴）钢筋安装工程检验批质量验收记录表	
		02010213	（屋面1～21轴）钢筋安装工程检验批质量验收记录表	
		02010214	（屋面21～40轴）钢筋安装工程检验批质量验收记录表	

续表

分部工程	分项工程	检验批	
		编号	检验批名称
02 主体结构分部工程	020103 混凝土（原材料及配合比施工）	02010301	（一层 1~21 轴）混凝土施工检验批质量验收记录表
		02010302	（一层 21~40 轴）混凝土施工检验批质量验收记录表
		02010303	（二层 1~21 轴）混凝土施工检验批质量验收记录表
		02010304	（二层 21~40 轴）混凝土施工检验批质量验收记录表
		02010305	（三层 1~21 轴）混凝土施工检验批质量验收记录表
		02010306	（三层 21~40 轴）混凝土施工检验批质量验收记录表
		02010307	（四层 1~21 轴）混凝土施工检验批质量验收记录表
		02010308	（四层 21~40 轴）混凝土施工检验批质量验收记录表
		02010309	（五层 1~21 轴）混凝土施工检验批质量验收记录表
		02010310	（五层 21~40 轴）混凝土施工检验批质量验收记录表
		02010311	（六层 1~21 轴）混凝土施工检验批质量验收记录表
		02010312	（六层 21~40 轴）混凝土施工检验批质量验收记录表
		02010313	（屋面 1~21 轴）混凝土施工检验批质量验收记录表
		02010314	（屋面 21~40 轴）混凝土施工检验批质量验收记录表
	020105 现浇结构（结构、基础）	02010501	（一层 1~21 轴）现浇结构外观及尺寸偏差检验批质量验收记录表
		02010502	（一层 21~40 轴）现浇结构外观及尺寸偏差检验批质量验收记录表
		02010503	（二层 1~21 轴）现浇结构外观及尺寸偏差检验批质量验收记录表
		02010504	（二层 21~40 轴）现浇结构外观及尺寸偏差检验批质量验收记录表
		02010505	（三层 1~21 轴）现浇结构外观及尺寸偏差检验批质量验收记录表
		02010506	（三层 21~40 轴）现浇结构外观及尺寸偏差检验批质量验收记录表
		02010507	（四层 1~21 轴）现浇结构外观及尺寸偏差检验批质量验收记录表
		02010508	（四层 21~40 轴）现浇结构外观及尺寸偏差检验批质量验收记录表
		02010509	（五层 1~21 轴）现浇结构外观及尺寸偏差检验批质量验收记录表
		02010510	（五层 21~40 轴）现浇结构外观及尺寸偏差检验批质量验收记录表
		02010511	（六层 1~21 轴）现浇结构外观及尺寸偏差检验批质量验收记录表
		02010512	（六层 21~40 轴）现浇结构外观及尺寸偏差检验批质量验收记录表
		02010513	（屋面 1~21 轴）现浇结构外观及尺寸偏差检验批质量验收记录表
		02010514	（屋面 21~40 轴）现浇结构外观及尺寸偏差检验批质量验收记录表
	020304 填充墙砌体	02030401	（地下室）填充墙砌体工程检验批质量验收记录表
		02030402	（一层）填充墙砌体工程检验批质量验收记录表
		02030403	（二层）填充墙砌体工程检验批质量验收记录表
		02030404	（三层）填充墙砌体工程检验批质量验收记录表
		02030405	（四层）填充墙砌体工程检验批质量验收记录表
		02030406	（五层）填充墙砌体工程检验批质量验收记录表
		02030407	（六层）填充墙砌体工程检验批质量验收记录表
03 建筑装饰装修分部工程	030201 一般抹灰工程	03020101	（南立面室外 6~4 层）一般抹灰工程检验批质量验收记录表
		03020102	（南立面室外 3~1 层）一般抹灰工程检验批质量验收记录表
		03020103	（北立面室外 6~4 层）一般抹灰工程检验批质量验收记录表
		03020104	（北立面室外 3~1 层）一般抹灰工程检验批质量验收记录表
		03020105	（东立面室外 6~4 层）一般抹灰工程检验批质量验收记录表
		03020106	（东立面室外 3~1 层）一般抹灰工程检验批质量验收记录表

续表

分部工程	分项工程	检验批	
		编号	检验批名称
03 建筑装饰装修分部工程	030201 一般抹灰工程	03020107	（西立面室外 6～4 层）一般抹灰工程检验批质量验收记录表
		03020108	（西立面室外 3～1 层）一般抹灰工程检验批质量验收记录表
		03020109	（地下室室内）一般抹灰工程检验批质量验收记录表
		03020110	（一层室内）一般抹灰工程检验批质量验收记录表
		03020111	（二层室内）一般抹灰工程检验批质量验收记录表
		03020112	（三层室内）一般抹灰工程检验批质量验收记录表
		03020113	（四层室内）一般抹灰工程检验批质量验收记录表
		03020114	（五层室内）一般抹灰工程检验批质量验收记录表
		03020115	（六层室内）一般抹灰工程检验批质量验收记录表
		03020116	（一～三层顶棚）一般抹灰工程检验批质量验收记录表
		03020117	（四～六层顶棚）一般抹灰工程检验批质量验收记录表
	030102 水泥混凝土面层（垫层）工程	03010201	（地下室）水泥混凝土面层工程检验批质量验收记录表
		03010202	（一层）水泥混凝土面层工程检验批质量验收记录表
		03010203	（二层）水泥混凝土面层工程检验批质量验收记录表
		03010204	（三层）水泥混凝土面层工程检验批质量验收记录表
		03010205	（四层）水泥混凝土面层工程检验批质量验收记录表
		03010206	（五层）水泥混凝土面层工程检验批质量验收记录表
		03010207	（六层）水泥混凝土面层工程检验批质量验收记录表
	030118 水泥砂浆面层工程	03011801	（地下室）水泥砂浆面层工程检验批质量验收记录表
		03011802	（一层）水泥砂浆面层工程检验批质量验收记录表
		03011803	（二层）水泥砂浆面层工程检验批质量验收记录表
		03011804	（三层）水泥砂浆面层工程检验批质量验收记录表
		03011805	（四层）水泥砂浆面层工程检验批质量验收记录表
		03011806	（五层）水泥砂浆面层工程检验批质量验收记录表
		03011807	（六层）水泥砂浆面层工程检验批质量验收记录表
		03011808	（六～四层楼梯）水泥砂浆面层工程检验批质量验收记录表
		03011809	（三～地下一层楼梯）水泥砂浆面层工程检验批质量验收记录表
	030801（室外）水性涂料涂饰	03080101	（南立面外墙）水性涂料涂饰工程检验批质量验收记录表
		03080102	（北立面外墙）水性涂料涂饰工程检验批质量验收记录表
		03080103	（东立面外墙）水性涂料涂饰工程检验批质量验收记录表
		03080104	（西立面外墙）水性涂料涂饰工程检验批质量验收记录表
	030801（室内）水性涂料涂饰	03080101	（地下室内墙）水性涂料涂饰工程检验批质量验收记录表
		03080102	（一层室内）水性涂料涂饰工程检验批质量验收记录表
		03080103	（二层室内）水性涂料涂饰工程检验批质量验收记录表
		03080104	（三层室内）水性涂料涂饰工程检验批质量验收记录表
		03080105	（四层室内）水性涂料涂饰工程检验批质量验收记录表
		03080106	（五层室内）水性涂料涂饰工程检验批质量验收记录表
		03080107	（六层室内）水性涂料涂饰工程检验批质量验收记录表
	031003 门窗套制作安装工程	03100301	（一～三层木门套）门窗套制作与安装工程检验批质量验收记录表
		03100302	（四～六层木门套）门窗套制作与安装工程检验批质量验收记录表

续表

分部工程	分项工程	检验批	
		编号	检验批名称
03 建筑装饰装修分部工程	031003 门窗套制作安装工程	03100303	（一~三层塑料门窗套）门窗套制作与安装工程检验批质量验收记录表
		03100304	（四~六层塑料门窗套）门窗套制作与安装工程检验批质量验收记录表
	030301 门窗套制作安装工程（Ⅱ）	03030102	（二层木门安装）木门窗安装工程检验批质量验收记录表
		03030103	（三层木门安装）木门窗安装工程检验批质量验收记录表
		03030104	（四层木门安装）木门窗安装工程检验批质量验收记录表
		03030105	（五层木门安装）木门窗安装工程检验批质量验收记录表
		03030106	（六层木门安装）木门窗安装工程检验批质量验收记录表
	030802 溶剂型涂料涂刷	03080201	（一层木门窗及木制品）溶剂型涂料涂饰工程检验批质量验收记录表
		03080202	（二层木门窗及木制品）溶剂型涂料涂饰工程检验批质量验收记录表
		03080203	（三层木门窗及木制品）溶剂型涂料涂饰工程检验批质量验收记录表
		03080204	（四层木门窗及木制品）溶剂型涂料涂饰工程检验批质量验收记录表
		03080205	（五层木门窗及木制品）溶剂型涂料涂饰工程检验批质量验收记录表
		03080206	（六层木门窗及木制品）溶剂型涂料涂饰工程检验批质量验收记录表
	030302 金属门窗安装	03030201	（一单元金属分户门）金属门安装工程检验批质量验收记录表
		03030202	（二单元金属分户门）金属门安装工程检验批质量验收记录表
		03030203	（三单元金属分户门）金属门安装工程检验批质量验收记录表
		03030204	（四单元金属分户门）金属门安装工程检验批质量验收记录表
		03030205	（一~四单元金属幢号门）金属门安装工程检验批质量验收记录表
	030303 塑料门窗	03030301	（一层塑料门窗）塑料门窗安装工程检验批质量验收记录表
		03030302	（二层塑料门窗）塑料门窗安装工程检验批质量验收记录表
		03030303	（三层塑料门窗）塑料门窗安装工程检验批质量验收记录表
		03030304	（四层塑料门窗）塑料门窗安装工程检验批质量验收记录表
		03030305	（五层塑料门窗）塑料门窗安装工程检验批质量验收记录表
		03030306	（六层塑料门窗）塑料门窗安装工程检验批质量验收记录表
		03030307	（屋面塑料门窗）塑料门窗安装工程检验批质量验收记录表
	030305 门窗玻璃安装	03030501	（六~四层门窗玻璃）门窗玻璃安装工程检验批质量验收记录表
		03030502	（三~一层门窗玻璃）门窗玻璃安装工程检验批质量验收记录表
	030602 饰面砖粘贴	03060201	（一层厨、卫间）饰面砖粘贴工程检验批质量验收记录表
		03060202	（二层厨、卫间）饰面砖粘贴工程检验批质量验收记录表
		03060203	（三层厨、卫间）饰面砖粘贴工程检验批质量验收记录表
		03060204	（四层厨、卫间）饰面砖粘贴工程检验批质量验收记录表
		03060205	（五层厨、卫间）饰面砖粘贴工程检验批质量验收记录表
		03060206	（六层厨、卫间）饰面砖粘贴工程检验批质量验收记录表
	030401 暗龙骨平顶	03040101	（一层吊顶）暗龙骨顶棚工程检验批质量验收记录表
		03040102	（一层隔断）暗龙骨隔断工程检验批质量验收记录表
	030601 饰面板安装	03060101	（一层吊顶）饰面板安装工程检验批质量验收记录表
		03060102	（一层隔断）饰面板安装工程检验批质量验收记录表
	031004 护栏与扶手制作与安装	03100401	（六~四层）护栏和扶手制作与安装工程检验批质量验收记录表
		03100402	（三~一层）护栏和扶手制作与安装工程检验批质量验收记录表

续表

分部工程	分项工程	检验批		
		编号	检验批名称	
04 建筑屋面分部工程	040101 屋面保温层	04010101	（屋面 1～21 轴）屋面保温层工程检验批质量验收记录表	
		04010102	（屋面 21～40 轴）屋面保温层工程检验批质量验收记录表	
	040102 屋面找平层	04010201	（屋面 1～21 轴）屋面找平层工程检验批质量验收记录表	
		04010202	（屋面 21～40 轴）屋面找平层工程检验批质量验收记录表	
	040203 涂膜防水层	04020301	（屋面 1～40 轴北坡）涂膜防水层工程检验批质量验收记录表	
		04020302	（屋面 1～40 轴南坡）涂膜防水层工程检验批质量验收记录表	
	040301 细石混凝土防水层	04030101	（屋面 1～40 轴北坡）细石混凝土防水层工程检验批质量验收记录表	
		04030102	（屋面 1～40 轴南坡）细石混凝土防水层工程检验批质量验收记录表	
	040302 密封材料嵌缝	04030201	（屋面 1～40 轴）刚性防水屋面密封材料嵌缝工程检验批质量验收记录表	
	040401 平瓦屋面	04040101	（屋面 1～40 轴北坡）平瓦屋面工程检验批质量验收记录表	
		04040102	（屋面 1～40 轴南坡）平瓦屋面工程检验批质量验收记录表	
05 建筑给水排水与采暖分部工程	050101 室内给水管道及配件安装	05010101	（±00 以下）室内给水管道及配件安装工程检验批质量验收记录表	
		05010102	（一单元）室内给水管道及配件安装工程检验批质量验收记录表	
		05010103	（二单元）室内给水管道及配件安装工程检验批质量验收记录表	
		05010104	（三单元）室内给水管道及配件安装工程检验批质量验收记录表	
		05010105	（四单元）室内给水管道及配件安装工程检验批质量验收记录表	
	050102 室内消火栓安装	05010201	（一～四单元）室内消火栓系统安装工程检验批质量验收记录表	
	050201 室内排水管道及配件安装	05020101	（±00 以下）室内排水管道及配件安装工程检验批质量验收记录表	
		05020102	（一单元）室内排水管道及配件安装工程检验批质量验收记录表	
		05020103	（二单元）室内排水管道及配件安装工程检验批质量验收记录表	
		05020104	（三单元）室内排水管道及配件安装工程检验批质量验收记录表	
		05020105	（四单元）室内排水管道及配件安装工程检验批质量验收记录表	
	050103 给水设备安装	05010301	（一～四单元）给水设备安装工程检验批质量验收记录表	
	050202 雨水管道及配件安装	05020201	（一～四单元）雨水管道及配件安装工程检验批质量验收记录表	
	050401 卫生器具及给水配件安装	05040101	（一单元）卫生器具给水配件安装工程检验批质量验收记录表	
		05040102	（二单元）卫生器具给水配件安装工程检验批质量验收记录表	
		05040103	（三单元）卫生器具给水配件安装工程检验批质量验收记录表	
		05040104	（四单元）卫生器具给水配件安装工程检验批质量验收记录表	
	050402 卫生器具及给排水管道安装	05040201	（一单元）卫生器具排水管道安装工程检验批质量验收记录表	
		05040202	（二单元）卫生器具排水管道安装工程检验批质量验收记录表	
		05040203	（三单元）卫生器具排水管道安装工程检验批质量验收记录表	
		05040204	（四单元）卫生器具排水管道安装工程检验批质量验收记录表	
	050601 室外给水管道安装	05060101	室外给水管道安装工程检验批质量验收记录表	
	050602 室外消防泵结合器消火栓安装	05060201	消防水泵接合器及室内消火栓安装工程检验批质量验收记录表	
	050603 管沟及井室	05060301	管沟及井室工程检验批质量验收记录表	
	050701 室外排水管道安装	05070101	室外排水管道安装工程检验批质量验收记录表	
	050702 室外排水管沟及井池	05070201	室外排水管沟及井池工程检验批质量验收记录表	

续表

分部工程	分项工程	检验批	
		编号	检验批名称
06 电气安装分部工程	060502 电线导管、电缆导管和线槽敷设（Ⅰ）	06050201	（一层）电线导管、电缆导管和线槽敷设工程检验批质量验收记录表
		06050202	（二层）电线导管、电缆导管和线槽敷设工程检验批质量验收记录表
		06050203	（三层）电线导管、电缆导管和线槽敷设工程检验批质量验收记录表
		06050204	（四层）电线导管、电缆导管和线槽敷设工程检验批质量验收记录表
		06050205	（五层）电线导管、电缆导管和线槽敷设工程检验批质量验收记录表
		06050206	（六层）电线导管、电缆导管和线槽敷设工程检验批质量验收记录表
	060104 电线导管、电缆导管和线槽敷设（Ⅱ）	06010401	电线导管、电缆导管和线槽敷设检验批质量验收记录表
	060503 电线、电缆穿管和线槽敷线	06050301	（一层）电线、电缆穿管和线槽敷线工程检验批质量验收记录表
		06050302	（二层）电线、电缆穿管和线槽敷线工程检验批质量验收记录表
		06050303	（三层）电线、电缆穿管和线槽敷线工程检验批质量验收记录表
		06050304	（四层）电线、电缆穿管和线槽敷线工程检验批质量验收记录表
		06050305	（五层）电线、电缆穿管和线槽敷线工程检验批质量验收记录表
		06050306	（六层）电线、电缆穿管和线槽敷线工程检验批质量验收记录表
	060506 电缆头制作接线和线路绝缘测试	06050601	（一单元）电缆头制作接线和线路绝缘测试工程检验批质量验收记录
		06050602	（二单元）电缆头制作接线和线路绝缘测试工程检验批质量验收记录
		06050603	（三单元）电缆头制作接线和线路绝缘测试工程检验批质量验收记录
		06050604	（四单元）电缆头制作接线和线路绝缘测试工程检验批质量验收记录
	060507 普通灯具安装	06050701	（一单元）普通灯具安装工程检验批质量验收记录表
		06050702	（二单元）普通灯具安装工程检验批质量验收记录表
		06050703	（三单元）普通灯具安装工程检验批质量验收记录表
		06050704	（四单元）普通灯具安装工程检验批质量验收记录表
	060510 开关、插座、风扇安装	06051001	（一单元）开关、插座、风扇安装检验批质量验收记录表
		06051002	（二单元）开关、插座、风扇安装检验批质量验收记录表
		06051003	（三单元）开关、插座、风扇安装检验批质量验收记录表
		06051004	（四单元）开关、插座、风扇安装检验批质量验收记录表
	060511 建筑物照明通电试运行	06051101	建筑物照明通电试运行工程检验批质量验收记录表
	060703 建筑物等电位联结	06070301	（一单元）建筑物等电位联结检验批质量验收记录表
		06070302	（二单元）建筑物等电位联结检验批质量验收记录表
		06070303	（三单元）建筑物等电位联结检验批质量验收记录表
		06070304	（四单元）建筑物等电位联结检验批质量验收记录表
	060701 接地装置安装	06070101	接地装置安装工程检验批质量验收记录表
09 电梯安装分部工程	090101 电梯安装设备进场	09010101	电梯安装工程设备进场质量验收记录表（编号 6-1）
		09010102	电梯安装工程设备进场质量验收记录表（编号 6-2）
		09010103	电梯安装工程设备进场质量验收记录表（编号 6-3）
		09010104	电梯安装工程设备进场质量验收记录表（编号 6-4）
	090102 电梯安装土建交接	09010201	电梯安装土建交接检验分项工程质量验收记录表（一单元编号 6-1）
		09010202	电梯安装土建交接检验分项工程质量验收记录表（二单元编号 6-2）
		09010203	电梯安装土建交接检验分项工程质量验收记录表（三单元编号 6-3）
		09010204	电梯安装土建交接检验分项工程质量验收记录表（四单元编号 6-4）

续表

分部工程	分项工程	检验批	
		编号	检验批名称
09 电梯安装分部工程	090103 电梯驱动主机安装	09010301	电梯驱动主机安装工程质量验收记录表（一单元编号 6-1）
		09010302	电梯驱动主机安装工程质量验收记录表（二单元编号 6-2）
		09010303	电梯驱动主机安装工程质量验收记录表（三单元编号 6-3）
		09010304	电梯驱动主机安装工程质量验收记录表（四单元编号 6-4）
	090104 电梯导轨安装	09010401	电梯导轨安装工程质量验收记录表（一单元编号 6-1）
		09010402	电梯导轨安装工程质量验收记录表（二单元编号 6-2）
		09010403	电梯导轨安装工程质量验收记录表（三单元编号 6-3）
		09010404	电梯导轨安装工程质量验收记录表（四单元编号 6-4）
	090105 电梯门系统安装	09010501	电力液压、电梯门系统安装工程质量验收记录表（一单元编号 6-1）
		09010502	电力液压、电梯门系统安装工程质量验收记录表（二单元编号 6-2）
		09010503	电力液压、电梯门系统安装工程质量验收记录表（三单元编号 6-3）
		09010504	电力液压、电梯门系统安装工程质量验收记录表（四单元编号 6-4）
	090106 电梯轿厢对重安装	09010601	电梯轿厢对重安装工程质量验收记录表（一单元编号 6-1）
		09010602	电梯轿厢对重安装工程质量验收记录表（二单元编号 6-2）
		09010603	电梯轿厢对重安装工程质量验收记录表（三单元编号 6-3）
		09010604	电梯轿厢对重安装工程质量验收记录表（四单元编号 6-4）
	090107 电梯安全部件安装	09010701	电梯安全部件安装工程质量验收记录表（一单元编号 6-1）
		09010702	电梯安全部件安装工程质量验收记录表（二单元编号 6-2）
		09010703	电梯安全部件安装工程质量验收记录表（三单元编号 6-3）
		09010704	电梯安全部件安装工程质量验收记录表（四单元编号 6-4）
	090108 电梯悬挂装置、随行电缆	09010801	电梯悬挂装置、随行电缆、补偿器安装工程质量验收记录表（一单元编号 6-1）
		09010802	电梯悬挂装置、随行电缆、补偿器安装工程质量验收记录表（二单元编号 6-2）
		09010803	电梯悬挂装置、随行电缆、补偿器安装工程质量验收记录表（三单元编号 6-3）
		09010804	电梯悬挂装置、随行电缆、补偿器安装工程质量验收记录表（四单元编号 6-4）
	090109 电梯电气装置安装	09010901	电梯电气装置安装工程质量验收记录表（一单元编号 6-1）
		09010902	电梯电气装置安装工程质量验收记录表（二单元编号 6-2）
		09010903	电梯电气装置安装工程质量验收记录表（三单元编号 6-3）
		09010904	电梯电气装置安装工程质量验收记录表（四单元编号 6-4）
	090110 电梯整机安装	09011001	电梯整机安装工程质量验收记录表（一单元编号 6-1）
		09011002	电梯整机安装工程质量验收记录表（二单元编号 6-2）
		09011003	电梯整机安装工程质量验收记录表（三单元编号 6-3）
		09011004	电梯整机安装工程质量验收记录表（四单元编号 6-4）

上述八位数字中，前二位是分部工程的编号，第三、四位是子分部工程的编号，第五、六位是分项工程的编号，第七、八位是检验批的编号。

1.1.5 室外单位（子单位）工程、分部工程的划分

室外工程可根据专业类别和工程规模按表 1-3 的规定划分子单位工程、分部工程和分项工程。

室外工程的划分   表 1-3

子单位工程	分部工程	分项工程
室外设施	道路	路基，基层，面层，广场与停车场，人行道，人行地道，挡土墙，附属构筑物
	边坡	土石方，挡土墙，支护
附属建筑及室外环境	附属建筑	车棚，围墙，大门，挡土墙
	室外环境	建筑小品，亭台，水景，连廊，花坛，场坪绿化，景观桥

注：本表摘自《建筑工程施工质量验收统一标准》GB 50300—2013 附录 C。

【实训】

划分一个框架结构单位工程的分部工程、分项工程、检验批。

【课后讨论】

1. 单位工程的划分原则是什么？

2. 建筑工程可分为哪十个分部工程？

3. 划分检验批有哪几个基本要素？

1.2 分部工程验收

关键概念

观感质量；装配式混凝土结构；装配整体式混凝土结构。

1.2.1 分部工程验收的合格标准

分部工程是由若干个分项工程构成的。分部工程验收是在分项工程验收的基础上进行的，这种关系类似检验批与分项工程的关系，都具有相同或相近的性质。故分项工程验收合格且有完整的质量控制资料，是检验分部工程合格的前提。

但是，由于各分部工程的性质不尽相同，我们就不能像验收分项工程那样主要靠检验批验收资料的汇集。分部工程质量验收合格应符合下列规定：

（1）所含分项工程的质量均应验收合格；

（2）质量控制资料应完整；

（3）有关安全、节能、环境保护和主要使用功能的抽样检验结果应符合相应规定；

（4）观感质量应符合要求。

分部工程质量验收增加了两个方面的检查内容：

一是对涉及建筑物安全和使用功能的地基与基础、主体结构两个分部，以及对建筑设备安装涉及安全、重要使用功能的分部，要进行见证取样检验或抽样试验。这项验收内容，包括安全检测与功能检测两部分。有关结构安全及使用功能检验（检测）的要求，应按设计文件及各专业工程质量验收规范中所作的具体规定执行。抽样检测的项目在各专业质量验收规范中也已有明确的规定。在验收中应注意以下三个方面的工作：

（1）检查各规范中规定的检测项目是否都进行了测试，不能进行测试的项目应该说明原因。

（2）查阅各项检验报告（记录），核查有关抽样方案、测试内容、检测结果等是否符合有关标准规定。

（3）核查有关检测机构的资质，取样与送检见证人员资格，报告出具单位责任人的签署情况是否符合要求。

二是对观感质量的验收。观感质量验收系指在分部工程所含的分项工程完成后，在前三项检查的基础上，对已完工部分工程的质量，采用目测、触摸和简单量测等方法，所进行的一种宏观检查方式。增加观感质量检查的原因在于：

（1）现在的工程体积越来越大，越来越复杂，待单位工程全部完工后再检查，有些项目看不见了，发现问题要返修的修不了；

（2）若放在竣工后一并检查，由于工程的专业多，检查人员不可能将各专业工程中的问题一一看出来。而且有些项目完工后，各工种人员纷纷撤离，即便检查出问题来，返修起来耗时也较长。

观感质量的验收是给出"好"、"一般"或"差"的总体评价，而不是给出"合格"或"不合格"的结论。评价时，施工企业自行检查合格后，由总监理工程师组织不少于三位监理工程师来检查。在听取其他参加人员的意见后，共同作出评价，但总监理工程师的意见应为主导意见。验收中若发现有影响安全、使用功能的缺陷，或超过偏差限值，或明显影响观感效果的缺陷，不能评价，应处理后再进行验收。

分部工程质量验收记录表的填写参见表 3-32。

1.2.2 混凝土结构装配式建筑质量验收

装配式建筑指的是结构系统、外围护系统、设备与管线系统、内装系统的主要部分采用预制部品部件集成的建筑。装配式混凝土结构是由预制混凝土构件通过可靠的连接方式装配而成的混凝土结构，装配整体式混凝土结构作为主体结构分部工程的子分部进行验收。

检验批、分项工程、子分部工程的验收程序应符合《建筑工程施工质量验收统一标准》GB 50300 的规定。检验批、分项工程的质量验收记录应符合《混凝土结构工程施工质量验收规范》GB 50204 的规定。分项工程的验收应划分检验批，检验批的划分原则上每层不少于一个检验批。

装配整体式混凝土结构工程验收时应提交下列资料：

(1) 设计单位预制构件设计图纸、设计变更文件；

(2) 装配整体式混凝土结构工程施工所用各种材料、连接件及预制混凝土构件的产品合格证书、进场验收记录和复验报告；

(3) 预制构件安装施工验收记录；

(4) 套筒灌浆施工检验记录；

(5) 连接构造节点的隐蔽工程检查验收文件；

(6) 后浇节点的混凝土或浆体强度检测报告；

(7) 分项工程验收记录；

(8) 装配整体式混凝土结构现浇部分实体检验记录；

(9) 工程的重大质量问题的处理方案和验收记录；

(10) 预制外墙板施工的装饰、保温检测报告；

(11) 密封材料及接缝防水检测报告；

(12) 其他质量保证资料。

装配整体式混凝土结构中涉及装饰、保温、防水、防火等性能要求应按设计要求或有关标准规定验收。

装配整体式混凝土结构子分部工程施工质量验收合格应符合下列规定：

(1) 有关分项工程施工质量验收合格，分项工程质量应由监理工程师（建设单位项目技术负责人）组织项目专业技术负责人等进行验收；

(2) 质量控制资料完整并符合要求；

(3) 观感质量验收合格；

(4) 结构实体检验满足设计或标准要求。

1. 主控项目

(1) 预制构件临时固定措施应符合施工方案的要求。

检查数量：全数检查。

检验方法：观察。

(2) 钢筋采用套筒灌浆连接时，灌浆应饱满、密实，其材料及连接质量应符合国家现行行业标准《钢筋套筒灌浆连接应用技术规程》JGJ 355 的规定。

检查数量：按国家现行行业标准《钢筋套筒灌浆连接应用技术规程》JGJ 355 的规定确定。

检验方法：检查质量证明文件、灌浆记录及相关检验报告。

(3) 钢筋采用焊接连接时，其接头质量应符合现行行业标准《钢筋焊接及验收规程》JGJ 18 的规定。

检查数量：按现行行业标准《钢筋焊接及验收规程》JGJ 18 的有关规定确定。

检验方法：检查质量证明文件及平行加工试件的检验报告。

（4）钢筋采用机械连接时，其接头质量应符合现行行业标准《钢筋机械连接技术规程》JGJ 107 的规定。

检查数量：按现行行业标准《钢筋机械连接技术规程》JGJ 107 的规定确定。

检验方法：检查质量证明文件、施工记录及平行加工试件的检验报告。

（5）预制构件采用焊接、螺栓连接等连接方式时，其材料性能及施工质量应符合国家现行标准《钢结构工程施工质量验收规范》GB 50205 和《钢筋焊接及验收规程》JGJ 18 的相关规定。

检查数量：按现行行业标准《钢结构工程施工质量验收规范》GB 50205 和《钢筋焊接及验收规程》JGJ 18 的规定确定。

检验方法：检查施工记录及平行加工试件的检验报告。

（6）装配式结构采用现浇混凝土连接构件时，构件连接处后浇混凝土的强度应符合设计要求。

检查数量：按《混凝土结构工程施工质量验收规范》GB 50204 的规定确定。

检验方法：检查混凝土强度试验报告。

（7）装配式结构施工后，其外观质量不应有严重缺陷，且不应有影响结构性能和安装、使用功能的尺寸偏差。

检查数量：全数检查。

检验方法：观察，量测；检查处理记录。

2. 一般项目

（1）装配式结构施工后，其外观质量不应有一般缺陷。

检查数量：全数检查。

检验方法：观察，检查处理记录。

（2）装配式结构施工后，预制构件位置、尺寸偏差及检验方法应符合设计要求；当设计无具体要求时，应符合表 1-4 的规定。预制构件与现浇结构连接部位的表面平整度应符合表 1-4 的规定。

检查数量：按楼层、结构缝或施工段划分检验批。在同一检验批内，对梁、柱、和独立基础，应抽查构件数量的 10%，且不应少于 3 件；对墙和板，应按有代表性的自然间抽查 10%，且不应少于 3 间；对大空间结构，墙可按相邻轴线间高度 5m 左右划分检查面，板可按纵、横轴线划分检查面，抽查 10%，且均不应少于面。

装配式结构构件位置和尺寸允许偏差及检验方法　　　　　　　　　　表 1-4

项目		允许偏差（mm）	检查方法
构件轴线位置	竖向构件（柱、墙板、桁架）	8	经纬仪及尺量
	水平构件（梁、楼板）	5	
标高	梁、柱、墙板楼板地面或顶面	±5	经纬仪或吊线、尺量
构件垂直度	柱、墙板安装后的高度 ≤6m	5	经纬仪或吊线、尺量
	>6m	10	经纬仪或吊线、尺量
构件倾斜度	梁、桁架	5	经纬仪或吊线、尺量

续表

项目			允许偏差（mm）	检查方法
相邻构件平整度	梁、楼板地面	外露	3	2m 靠尺和塞尺量测
		不外露	5	
	柱、墙板	外露	5	
		不外露	8	
构件搁置长度	梁、板		±10	尺量
支座、支垫中心位置	板、梁、柱、墙板、桁架		10	尺量
墙板接缝宽度			±5	尺量

1.2.3 分部工程质量验收的组织和程序

分部工程应由总监理工程师组织施工单位项目负责人和项目技术负责人等进行验收。勘察、设计单位项目负责人和施工单位技术、质量部门负责人应参加地基与基础分部工程的验收。设计单位项目负责人和施工单位技术、质量部门负责人应参加主体结构、节能分部工程的验收。

分部工程是单位工程的组成部分，因此分部工程完成后，由施工单位项目负责人组织检验评定合格后，向监理单位（或建设单位项目负责人）提出分部工程验收的报告，其中地基基础、主体工程、幕墙等分部，还应由施工单位的技术、质量部门配合项目负责人作好检查评定工作，监理单位的总监理工程师（没有实行监理的单位应由建设单位项目负责人）组织施工单位的项目负责人和技术、质量负责人等有关人员进行验收。工程监理实行总监理工程师负责制。总监理工程师享有合同赋予监理单位的全部权利，全面负责受监委托的监理工作。因为地基基础、主体结构和幕墙工程的主要技术资料和质量问题划归技术部门和质量部门掌握，所以规定施工单位的项目技术、质量负责人参加验收是符合实际的。目的是督促参建单位的技术、质量负责人加强整个施工过程的质量管理。

鉴于地基基础、主体结构和幕墙等分部工程在单位工程中所处的重要地位，结构、技术性能要求严格，技术性强，关系到整个单位工程的建筑结构安全和重要使用功能，规定这些部分工程的勘察、设计单位工程项目负责人和施工单位的技术、质量部门负责人也应参加相关分部工程质量的验收。

主要分部工程验收程序如下：

（1）总监理工程师（建设单位项目负责人）组织验收，介绍工程概况、工程资料审查意见及验收方案、参加验收的人员名单，并安排参加验收的人员签到。

（2）监理（建设）、勘察、设计、施工单位分别汇报合同履约情况和在主要分部各个环节执行法律、法规和工程建设强制性标准的情况。施工单位汇报内容中应包括工程质量监督机构责令整改问题的完成情况。

（3）验收人员审查监理（建设）、勘察、设计和施工单位的工程资料，并实地查验工程质量。

（4）对验收过程中所发现的和工程质量监督机构提出的有关工程质量验收的问题和疑问，有关单位人员予以解答。

（5）验收人员对主要分部工程的勘察、设计、施工质量和各管理环节等方面做出评价，并分别阐明各自的验收结论。当验收意见一致时，验收人员分别在相应的分部（子分部）工程质量验收记录上签字。

（6）当参加验收各方对工程质量验收意见不一致时，应当协商提出解决的办法，也可请建设行政主管部门或工程质量监督机构协调处理。

质量监督机构派出的监督人员对主要分部工程验收的组织形式、验收程序、执行验收标准等情况进行现场监督，提出监督意见，如发现有违反建设工程质量管理规定行为的，责令改正。

验收结束后，监理（建设）单位应在主要分部工程验收合格 15 日内，将相关的分部（子分部）工程质量验收记录报送工程质量监督机构，并取得工程质量监督机构签发的相应工程质量验收监督记录。主要分部工程未经验收或验收不合格的，不得进行下道工序施工。

【实训】

参加地基与基础、主体结构、建筑装饰装修或建筑屋面分部工程的验收。

【课后讨论】

在分部工程验收中，为何基础和主体分部工程的验收需要勘察和设计单位参加？

1.3　单位工程竣工验收

关键概念

施工单位自验收；监理单位预验收；竣工验收。

1.3.1　单位工程竣工验收的前提条件

1. 完成工程设计和合同约定的各项内容并接入正式的水源、电源。

2. 施工单位在工程完工后，已自行组织有关人员进行了检查评定，并向建设单位提出工程竣工报告。工程竣工报告应经项目经理和施工单位有关负责人审核签字，同时将工程竣工资料报送监理（建设）单位进行审查。单位工程中的分包工程完工后，分包单位对所承包的工程项目进行检查评定，总包单位应派人参加，分包工程竣工资料应交给总包单位。

3. 对于委托监理的工程项目，总监理工程师应组织专业监理工程师，依据有关法律、法规、工程建设强制性标准、设计文件及施工合同，对承包单位报送的竣工资料进行审查，同时对工程质量进行竣工预验收。对存在的问题，应及时要求承包单位整改。整改完毕后由总监理工程师签署工程竣工报验单，并在此基础上提出工程质量评估报告和竣工资料审查认可意见，工程质量评估报告应经总监理工程师和监理单位技术负责人审核签字。

4. 勘察、设计单位对勘察、设计文件及施工过程中由设计单位签署的设计变更通知书进行检查，并提出质量检查报告。质量检查报告应经该项目勘察、设计负责人和勘察、设计单位有关负责人审核签字。勘察单位已参加地基基础分部（包含工程中含有桩基子分部）的验收，并出具了认可验收的质量检查报告，可不参加工程的竣工验收。

5. 有完整的技术档案和施工管理资料，并经监理单位审查通过。

6. 有工程使用的主要建筑材料、建筑构配件和设备的进场试验报告。

7. 建设单位已按合同约定支付工程款。对未支付的工程款，已制定了甲乙双方确认的支付计划。

8. 住宅工程已通过分户验收。

9. 有施工单位签署的工程质量保修书。建设单位和施工单位应当明确约定保修范围、保修期限和保修责任等，双方约定的保修范围、保修期限必须符合国家有关规定。住宅工程应有《住宅使用说明书》和《工程质量保证书》。

10. 建设单位提请规划、消防、环保、城建档案等有关部门进行专项验收，并按专项验收部门提出的意见整改完毕，取得专项验收相应的合格证明文件或准许使用文件。

11. 建设行政主管部门及其委托的工程质量监督机构等有关部门责令整改的问题全部整改完毕。

12. 工程质量监督机构已签发了该工程的地基基础分部和主体结构分部的质量验收监督记录，工程竣工资料已送质监机构抽查并符合要求。

13. 如发生过工程质量事故或工程质量投诉，应已处理完毕。在竣工验收时，对某些剩余工程和缺陷工程，在不影响交付的前提下，经建设单位、设计单位、施工单位和监理单位协商，施工单位应在竣工验收后的限定时间内完成。

1.3.2 单位工程竣工验收的程序和组织

1. 单位工程完工后，施工单位应组织有关人员进行自检。

质量竣工自验收的标准应与正式验收一样，主要是：工程是否符合国家（或地方政府主管部门）规定的竣工标准和竣工口径；工程完成情况是否符合施工图纸和设计的要求；工程质量是否符合国家和地方政府规定的标准和要求；工程是否达到合同规定的要求和标准等等。

另外，参加竣工自验收的人员，应由项目经理组织生产、技术、质量、合同、预算以及有关的施工工长（或施工员、工号负责人）等共同参加。自验收的方式，应分层分段、分房间地由上述人员按照自己主管的内容逐一进行检查。在检查中要做好记录。对不符合要求的部位和项目，确定修补措施和标准，并指定专人负责，定期修理完毕。

在基层施工单位自我检查的基础上，并对查出的问题全部修补完毕以后，项目经理应提请上级（分公司或总公司一级）进行复验（按一般习惯，国家重点工程、省市级重点工程，都应提请总公司级的上级单位复验）。通过复验，要解决全部遗留问题，为正式验收做好充分的准备。

2. 总监理工程师应组织各专业监理工程师对工程质量进行竣工预验收。

施工单位自验收之后，总监理工程师应组织各专业监理工程师对竣工资料及各专业工程的质量情况进行全面检查，对检查出的问题，应督促施工单位及时整改。对需要进行功能试验的项目（包括单机试车和无负荷试车），监理工程师应督促施工单位及时进行试验，并对重要项目进行监督、检查，必要时请建设单位和设计单位参加；监理工程师应认真审查试验报告单并督促施工单位搞好成品保护和现场清理。

预验收合格的，由施工单位向建设单位提交"工程竣工报告"，申请工程竣工验收。工程竣工报告应当包括以下主要内容：已完工程情况、技术档案和施工管理资料情况、安全和主要使用功能的核查及抽查结果、观感质量验收结果、工程质量自验结论等，详见附录一。同时由总监理工程师向建设单位提出"工程质量评估报告"，详见附录二。

3. 建设单位收到工程竣工报告后，应由建设单位项目负责人组织监理、施工、设计、勘察等单位项目负责人进行单位工程验收。

(1) 建设单位收到施工单位的工程竣工报告和总监理工程师签发的工程质量评估报告后，对符合竣工验收要求的工程，组织设计、施工、监理等单位和有关方面的专业人士组成验收组，并制定《建设工程施工质量竣工验收方案》与《单位工程施工质量竣工验收通知书》。建设单位的项目负责人、施工单位的技术负责人和项目经理(含分包单位的项目负责人)、监理单位的总监理工程师、设计单位的项目负责人必须是验收组的成员。验收方案中应包含验收的程序、时间、地点、人员组成、执行标准等，各责任主体准备好验收的报告材料。

(2) 建设单位应当在工程竣工验收 7 个工作日前将验收的时间、地点及验收组名单通知工程质量监督机构。工程质量监督机构接到通知后，于验收之日应列席参加验收。

(3) 正式验收之日，工程质量监督机构应派人列席参加验收会议，对工程质量竣工验收的组织形式、验收程序、执行验收标准等情况进行现场监督。

正式验收会议由建设单位宣布验收会议开始。建设单位应首先汇报工程概况和专项验收情况，介绍工程验收方案和验收组成员名单，并安排参验人员签到，然后按步骤进行验收：

① 建设、设计、施工、监理等单位按顺序汇报工程合同的履约情况，以及工程建设各个环节执行法律、法规和工程建设强制性标准情况。

② 验收组审阅建设、勘察、设计、施工、监理等单位提交的工程施工质量验收资

料（放在现场），形成《单位（子单位）工程施工质量控制资料检查记录》，验收组相关成员签字。

③ 明确有关工程安全和功能检查资料的核查内容，确定抽查项目，验收组成员进行现场抽查，对每个抽查项目形成检查记录，验收组相关成员签字，再汇总到《单位（子单位）工程安全和功能检验资料检查及主要功能抽查记录》之中，验收组相关成员签字。

④ 验收组现场查验工程实物观感质量，形成《单位（子单位）工程观感质量检查记录》，验收组相关成员签字。

验收组对以上四项验收内容作出全面评价，形成工程施工质量竣工验收结论意见，验收组人员签字。如果验收不合格，验收组提出书面整改意见，限期整改，重新组织工程施工质量竣工验收；如果验收合格，填写《单位（子单位）工程施工质量竣工验收记录》，相关单位签字盖章。

参与工程竣工验收的建设、设计、施工、监理等各方不能形成一致意见时，应当协商提出解决的办法，协商不成的可请建设行政主管部门或工程质量监督机构协调处理。

竣工验收合格后，由建设单位编制"工程竣工验收报告"，详见附录三。

1.3.3 单位工程竣工验收的合格标准与具体做法

1. 单位工程竣工验收的合格标准

单位工程质量验收，是工程建设最终的质量验收，也称竣工验收，是全面检验工程建设是否符合设计要求和施工技术标准的终验。

单位工程质量验收合格应符合下列规定：

(1) 所含分部工程的质量均应验收合格；

(2) 质量控制资料应完整；

(3) 所含分部工程中有关安全、节能、环境保护和主要使用功能的检验资料应完整；

(4) 主要使用功能的抽查结果应符合相关专业验收规范的规定；

(5) 观感质量应符合要求。

达到上述要求，填写《单位（子单位）工程质量竣工验收记录》，详见表3-28。

2. 单位工程竣工验收的具体做法

(1) 所含分部工程的质量均应验收合格。这项工作的具体做法：总承包单位应事前进行认真准备，将所有分部、子分部工程质量验收的记录表，及时进行收集整理，并列出目次表，依序将其装订成册。验收核查主要注意三点：

① 核查各分部工程所含的子分部工程是否齐全。

② 核查各分部、子分部工程质量验收记录表的质量评价是否完善，包括分部（子分部）工程质量的综合评价，质量控制资料的评价，地基与基础、主体结构和设备安装分部（子分部）工程规定的有关安全及功能的检测和抽测项目的检测记录，以及分

部（子分部）观感质量的评价等。

③ 核查分部（子分部）工程质量验收记录表的验收人员是否是有相应资质的技术人员，并进行了评价和签证。

（2）质量控制资料应完整。这项工作是指所收集到的资料，能反映工程所采用的建筑材料、构配件和建筑设备的质量技术性能，施工质量控制和技术管理状况，涉及结构安全和使用功能的施工试验和抽样检测结果，及建设参与各方参加质量验收的原始依据、客观记录、真实数据和执行见证等资料，能确保工程结构安全和使用功能，满足设计要求。它是客观评价工程质量的主要依据，是印证各方各级质量责任的证明。

尽管质量控制资料在分部工程质量验收时已经检查过，但某些资料由于受试验龄期的影响，或受系统测试的需要等，难以在分部验收时到位。单位工程验收时，对所有分部工程资料的系统性和完整性，进行一次全面的核查，是十分必要的，只不过不再像以前那样进行微观检查，而是在全面梳理的基础上，重点检查有否需要拾遗补阙的，从而达到完整无缺的要求。

但是由于材料供应渠道中的技术资料不能完全保证，加上有些施工企业管理不健全等情况，因此，往往使一些工程中资料不能达到完整；当一个分部、子分部工程的质量控制资料虽有欠缺，但能反映其结构安全和使用功能，是满足设计要求的，则可以认定该工程的质量控制资料为完整。如钢材，按标准要求要有出厂合格证，又要有试验报告，即为完整。实际中，如有一批用于非重要构件的钢材没有合格证，但经法定检测单位检验，该批钢材物理及化学性能均符合设计和标准要求，则可以认为该批钢材的技术资料是完整的。再如，砌筑砂浆的试块应按规范要求的频率取样，在施工过程中，个别少量部位由于某种原因而没有按规定频率取样，但从现场的质量管理状况及已有的试块强度检验数据，反映具有代表性时，也可认为是完整的。

由于每个工程的具体情况不一样，因此什么是完整，要视工程特点和已有资料的情况而定。总之，有一点要掌握，即验收或核验分部、子分部工程质量时，核查的质量控制资料，看其是否可以反映和达到上述要求，即使有些欠缺也可认为是完整的。

工程质量的控制资料，是从众多的工程技术资料中，筛选出来的直接关系和说明工程质量状况的技术资料。多数是提供实施结果的见证记录、报告等文件材料。对于其他技术资料，由于工程不同或环境不同，要求也就不尽相同。各地区应根据实际情况增减。所以作为一个企业的领导，应该时刻注意管理措施的有效性，研究每一项资料的作用，有效的保留，作用小的改进，无效的去掉，有效的质量资料是工程质量的见证，少一张也不行，无用的多一张也不要。对非要不可的见证资料，一定要做到准、实、及时，对不准不实的资料宁愿不要，也不充数。

对一个单位工程全面进行技术资料核查，还可以防止局部错漏，从而进一步加强工程质量的控制。对结构工程及设备安装系统进行系统的核查，便于同设计要求对照检查，达到设计效果。

单位（子单位）工程质量控制核查记录的填写参见表 3-29。

（3）所含分部工程中有关安全、节能、环境保护和主要使用功能的检验资料应完整。这项工作是指在分部、子分部工程检查和验收时，应进行检测来保证和验证工程的综合质量。这种检测（检验）应由施工单位来检测，检测过程中可请监理工程师或建设单位有关负责人参加监督检测工作，达到要求后形成检测记录并签字认可。在单位工程、子单位工程验收时，监理工程师应对各分部、子分部工程应检测的项目进行核对，对检测资料的数量、数据及使用的检测方法标准、检测程序进行核查，以及核查有关人员的签认情况等。核查后，将核查的情况填入表 3-30《单位（子单位）工程安全和功能检验资料检查及主要功能抽查记录》，对表 3-30 的该项内容做出通过或通不过的结论。

（4）主要使用功能的抽查结果应符合相关专业验收规范的规定。具体如下：主要功能抽测项目已在各分部、子分部工程中列出，有的是在分部、子分部完成后进行检测，有的还有待相关分部、子分部工程完成后试验检测，有的则需要等单位工程全部完成后进行检测。这些检测项目应在单位工程完工，施工单位向建设单位提交工程验收报告之前，全部进行完毕，并将检测报告写好。至于在建设单位组织单位工程验收时，抽测什么项目，可由验收委员（验收组）来确定。但其项目应在表 3-30 中，不能随便提出其他项目。如需检测表 3-30 没有的检测项目时，应进行专门研究来确定。

通常主要功能抽测项目，应为有关项目最终的综合性的使用功能，如室内环境检测、屋面淋水检测、照明全负荷试验检测、智能建筑系统运行等。只有最终抽测项目效果不佳，或其他原因，必须进行中间过程有关项目的检测时，要与有关单位共同制定检测方案，并要制定成品保护措施，采取完善的保护措施后进行，总之，主要功能抽测项目的进行，不要损坏建筑成品。

主要功能抽测项目进行，可对照该项目的检测记录逐项核查，可重新做抽测记录表，也可不形成抽测记录，在原检测记录上注明签认。

（5）观感质量应符合要求。观感质量评价是工程的一项重要评价工作，是全面评价一个分部、子分部、单位工程的外观及使用功能质量，促进施工过程的管理、成品保护，提高社会效益和环境效益。观感质量检查绝不是单纯的外观检查，而是实地对工程的一个全面检查，核实质量控制资料，核查分项、分部工程验收的正确性，及对在分项工程中不能检查的项目进行检查等。如工程完工，绝大部分的安全可靠性能和使用功能已达到要求，但出现不应出现的裂缝和严重影响使用功能的情况，应该首先弄清原因，然后再评价。地面严重空鼓、起砂；墙面空鼓粗糙；门窗开关不灵、关闭不严等项目的质量缺陷很多，说明在分项、分部工程验收时，掌握标准不严。分项分部无法测定和不便测定的项目，在单位工程观感评价中，给予核查。如建筑物的全高垂直度、上下窗口位置偏移及一些线角顺直等项目，只有在单位工程质量最终检查时，才能了解得更确切。

系统地对单位工程进行检查，可全面衡量单位工程质量的实际情况，突出对工程整体检验和对用户着想的观点。分项、分部工程的验收，对其本身来讲虽是产品检验，但对交付使用一幢房子来讲，又是施工过程中的质量控制。只有单位工程的验收，才是最终建筑产品的验收。所以，在标准中，既加强了施工过程中的质量控制（分项、分部工程的验收），又严格进行了单位工程的最终评价，使建筑工程的质量得到有效保证。

观感质量的验收方法和内容与分部、子分部工程的观感质量评价一样，只是分部、子分部的范围小一些而已，仅是一些分部、子分部的观感质量，可能在单位工程检查时已经看不到了。所以单位工程的观感质量是更宏观一些的。

其内容按各有关检验批的主控项目、一般项目有关内容综合掌握，给出好、一般、差的评价。

检查时应将建筑工程外檐全部看到，对建筑的重要部位、项目及有代表性的房间、部位、设备、项目都应检查到。对其评价时，可逐点评价再综合评价；也可逐项给予评价；也可按大的方面综合评价。评价时，要在现场由参加检查验收的监理工程师共同确定，确定时，可多听取被验收单位及参加验收的其他人员的意见，并由总监理工程师签认，总监理工程师的意见应有主导性。

单位（子单位）工程观感质量验收记录的填写参见表 3-31。

【实训】

利用学校已建工程，进行工程竣工观感质量验收模拟实训。

【课后讨论】

1. 分析设立工程自验收、预验收、竣工验收三阶段验收的优点，讨论三阶段验收各自的侧重点。

2. 根据观感质量验收所检查到的问题，讨论如何在施工中加以预防。

1.4　施工质量不符合要求的处理方法

关键概念

返工；返修；严禁验收。

1.4.1　处理方法

《统一标准》给出了当质量不符合要求时的处理方法。一般情况下，不合格现象在最基层的验收单位——检验批时就应发现并及时处理，否则将影响后续检验批和相关的分项工程、分部工程的验收。因此所有质量隐患必须尽快消灭在萌芽状态，这也是标准以强化验收、促进过程控制原则的体现。

当建筑工程质量不符合要求时，应按下列规定进行处理：

（1）经返工或返修的检验批，应重新进行验收；

（2）经有资质的检测机构检测鉴定能够达到设计要求的检验批，应予以验收；

（3）经有资质的检测机构检测鉴定达不到设计要求，但经原设计单位核算认可能够满足安全和使用功能的检验批，可予以验收；

（4）经返修或加固处理的分项、分部工程，满足安全及使用功能要求时，可按技术处理方案和协商文件的要求予以验收。

需要注意的是，工程质量控制资料应齐全完整，当部分资料缺失时，应委托有资质的检测机构按有关标准进行相应的实体检验或抽样试验。

具体说明如下：

第一种情况，是指在检验批验收时，其主控项目不能满足验收规范规定或一般项目超过偏差限值的子项不符合检验规定的要求时，应及时进行处理的检验批。其中，严重的缺陷应推倒重来；一般的缺陷通过检修或更换器具、设备予以解决，应允许施工单位在采取相应的措施后重新验收。如能够符合相应的专业工程质量验收规范，则应认为该检验批合格。

第二种情况，是指个别检验批发现试块强度等不满足要求等问题，难以确定是否验收时，应请具有资质的法定检测单位检测。当鉴定结果能够达到设计要求时，该检验批仍应认为通过验收。

第三种情况，如经检测鉴定达不到设计，但经原设计单位核算，仍能满足结构安全和使用功能的情况，该检验批可以予以验收。一般情况下，规范标准给出了满足安全和功能的最低要求，而设计往往在此基础上留有一些余量。不满足设计要求和符合相应规范、标准的要求，两者并不矛盾。

如果某项质量指标达不到规范的要求，多数也是指留置的试块失去代表性，或是因故缺少试块的情况，以及试块试验报告有缺陷，不能有效证明该项工程的质量情况，或是对该试验报告有怀疑时，要求对工程实体质量进行检测。经有资质的检测单位检测鉴定达不到设计要求，但数据和设计要求的差距不大，经过原设计单位进行验算，认为仍可满足结构安全和使用功能的，可不进行加固补强。如原设计计算混凝土强度为 27MPa，而选用了 C30 混凝土，经检测的结果是 28MPa，虽未达到 C30 的要求，但仍能大于 27MPa，是安全的。又如某五层砖混结构，一、二、三层用 M10 砂浆砌筑，四、五层为 M5 砂浆砌筑。在施工过程中，由于管理不善等，其三层砂浆强度仅达到 7.4MPa，没达到设计要求，按规定应不能验收，但经过原设计单位验算，砌体强度尚可满足结构安全和使用功能，可不返工和加固，由设计单位出具正式的认可证明，由注册结构工程师签字，并加盖单位公章，由设计单位承担质量责任。因为设计责任就是设计单位负责，出具认可证明，也在其质量责任范围内，可进行验收。

以上三种情况都应视为符合规范规定质量合格的工程。只是管理上出现了一些不正常的情况，使资料证明不了工程实体质量合格，经过补办一定的检测手续，证明质量是达到了设计要求，给予通过验收是符合规范规定的。

第四种情况，更为严重的缺陷或者超过检验批的更大范围内的缺陷，可能影响结构的安全性和使用功能。若经法定检测单位检测鉴定以后认为达不到规范标准的相应要求，即不能满足最低限度的安全储备和使用功能，则必须按一定的技术方案进行加固处理，使之能保证其满足安全使用的基本要求。这样会造成一些永久性的缺陷，如改变结构外形尺寸，影响一些次要的使用功能等。为了避免社会财富更大的损失，在不影响安全和主要使用功能条件下可按处理技术方案和协商文件进行验收，但责任方应承担相应的经济责任，这一规定，给问题比较严重但可采取技术措施修复的情况一条出路，不能作为轻视质量而回避责任的一种理由，这种做法符合国际上"让步接收"的惯例。

这种情况实际是工程质量达不到验收规范的合格规定，应算在不合格工程的范围。但在《建筑工程质量管理条例》的第 24 条、第 32 条等条对不合格工程的处理做出了规定，根据这些条款，提出技术处理方案（包括加固补强），最后能达到保证安全和使用功能，也是可以通过验收的。为了维护国家利益，不能出了质量事故的工程都推倒报废。只要能保证结构安全和使用功能的，仍作为特殊情况进行验收。这是一个给出路的做法，不能列入违反《建筑工程质量管理条例》的范围内，但加固后必须达到保证结构安全和使用功能。例如，有一些工程出现达不到设计要求，经过验算满足不了结构安全和使用功能要求，需要进行加固补强，但加固补强后，改变了外形尺寸或造成永久性缺陷。这是指经过补强加大了截面，增大了体积，设置了支撑，加设了牛腿等，使原设计的外形尺寸有了变化。如墙体强度严重不足，采用双面加钢筋网喷灌豆石混凝土补强，加厚了墙体，缩小了房间的使用面积等。

造成永久性缺陷是指通过加固补强后，只是解决了结构性能问题，而其本质并未达到原设计要求的，均属造成永久性缺陷。如某工程地下室发生渗漏水，采用从内部增加防水层堵漏，满足了使用要求，但却使那部分墙体长期处于潮湿甚至水饱和状态；又如工程的空心楼板的型号用错，以小代大，虽采用在板缝中加筋和在上边加铺钢筋网等措施，使承载力达到设计要求，但总是留下永久性缺陷。

上述情况，工程的质量虽不能正常验收，但由于其尚可满足结构安全和使用功能要求，对这样的工程质量，可按协商验收。

1.4.2 严禁验收

《统一标准》规定：经返修或加固处理仍不能满足安全或重要使用功能的分部工程及单位工程，严禁验收。

本条强制性条文是确保使用安全的基本要求。

这是第五种情况，这种情况非常少，但确实存在。通常指不可救药者，或采取措施后得不偿失者，就应坚决拆掉，返工重做，严禁验收。在工程施工中，出现了质量问题，在对分部工程、单位（子单位）工程进行质量鉴定之后，加工补强技术方案制订之前，就能直接判断出；使用加固处理效果不好，或是费用太大不值得加固处理，或是经加固处理仍不能保证使用安全，对此应坚决拆除。

【实训】

针对验收中出现抹灰分项工程的检验批不合格的情况，提出具体的解决方案。

【课后讨论】

若主体结构中混凝土分项工程的混凝土强度评定不合格，应如何处理？

相关知识

1. 我国现行的各专业验收规范

建筑工程涉及的专业众多，工种和施工工序相差很大，因此需要多本专项验收规范才能解决实际工程验收的问题。根据我国施工管理的传统及技术发展的趋势，编制或修订验收规范共 15 本，具体分列如下：

《建筑地基基础工程施工质量验收规范》GB 50202—2002

《砌体结构工程施工质量验收规范》GB 50203—2011

《混凝土结构工程施工质量验收规范》GB 50204—2015

《钢结构工程施工质量验收规范》GB 50205—2001

《木结构工程施工质量验收规范》GB 50206—2012

《屋面工程质量验收规范》GB 50207—2012

《地下防水工程质量验收规范》GB 50208—2011

《建筑地面工程施工质量验收规范》GB 50209—2010

《建筑装饰装修工程质量验收规范》GB 50210—2001

以上 9 项为土建工程部分。

《建筑给水排水及采暖工程施工质量验收规范》GB 50242—2002

《通风与空调工程施工质量验收规范》GB 50243—2016

《建筑电气工程施工质量验收规范》GB 50303—2015

《智能建筑工程质量验收规范》GB 50339—2013

《电梯工程施工质量验收规范》GB 50310—2002

《建筑节能工程施工质量验收规范》GB 50411—2007

以上 6 项为建筑设备安装工程部分。

2. 检验批与分项工程验收的合格标准

一个工程项目在验收时最多可划分为六个层次：单位工程、子单位工程、分部工程、子分部工程、分项工程和检验批。进行工程项目施工质量验收的时候，通过对检验批的检查与验收来保证所在的分项工程的合格，分项工程的合格保证分部（子分部）工程的合格，最后保证了整个单位（子单位）工程的质量合格。

(1) 检验批验收的合格标准

检验批质量验收合格应符合下列规定：

1) 主控项目的质量经抽样检验均应合格；

2) 一般项目的质量经抽样检验合格。当采用计数抽样时，合格点率应符合有关专业验收规范的规定，且不得存在严重缺陷。对于计数抽样的一般项目，正常检验一次、二次抽样可按表 1-5、表 1-6 判定。

一般项目正常检验一次抽样判定　　　　表 1-5

样本容量	合格判定数	不合格判定数	样本容量	合格判定数	不合格判定数
5	1	2	32	7	8
8	2	3	50	10	11
13	3	4	80	14	15
20	5	6	125	21	22

一般项目正常检验二次抽样判定　　　　表 1-6

抽样次数	样本容量	合格判定数	不合格判定数	抽样次数	样本容量	合格判定数	不合格判定数
(1)	3	0	2	(1)	20	3	6
(2)	6	1	2	(2)	40	9	10
(1)	5	0	3	(1)	32	5	9
(2)	10	3	4	(2)	64	12	13
(1)	8	1	3	(1)	50	7	11
(2)	16	4	5	(2)	100	18	19
(1)	13	2	5	(1)	80	11	16
(2)	26	6	7	(2)	160	26	27

3）具有完整的施工操作依据、质量验收记录。

具体解读如下：

1）主控项目的验收

主控项目指的是建筑工程中对安全、节能、环境保护和主要使用功能起决定性作用的检验项目。主控项目的条文是必须达到的要求，是用来确定该检验批的主要性能。主控项目中所有子项必须全部符合各专业验收规范规定的质量指标，方能判定该主控项目质量合格。反之，只要其中某一子项甚至某一抽查样本检验后达不到要求，即可判定该检验批质量为不合格，拒收该检验批。

不同分项工程检验批的主控项目各不相同，具体详见各专业验收规范。笼统地讲，主要有以下几点：

① 建筑材料、构配件及建筑设备的技术性能与进场复验要求。如水泥、钢材的质量；预制楼板、墙板、门窗等构配件的质量；风机等设备的质量等。

② 设计结构安全、使用功能的检测项目。如混凝土、砂浆的强度；钢结构的焊缝强度；管道的压力试验；风管的系统测定与调整；电气的绝缘接地测试；电梯的安全保护、试运转结果等。

③ 一些重要的允许偏差项目，必须控制在允许偏差限值之内。

2）一般项目的验收

一般项目是指除主控项目外，对检验批质量有影响的检验项目。有些一般项目虽不像主控项目那样重要，但对工程安全、使用功能以及美观都有较大影响，因此也是应该达到检验要求的项目。采用计数抽样检验的一般项目，判定条件如下：抽查样本数的 80%（个别项目为 90% 以上，如《混凝土结构工程施工质量验收规范》中，梁、板构件上部纵向受力钢筋保护层厚度）应符合各专业验收规范规定的质量指标，其余样本的缺陷通常不超过规定允许偏差值的 1.5 倍（个别规范规定为 1.2 倍，如《钢结构工程施工质量验收规范》）。具体应根据各专业验收规范的规定执行。

不同分项工程检验批的一般项目也不同，其包括的主要内容有：

① 允许有一定偏差的项目，放在一般项目中，用数据规定的标准，可以有允许偏差范围。

② 对不能确定偏差值而又允许出现一定缺陷的项目，则以缺陷的数量来区分。

③ 其他一些无法定量的而采用定性的项目。如碎拼大理石地面颜色协调，无明显裂缝和坑洼等。

检验批的质量合格与否主要取决于对主控项目和一般项目的检验结果。主控项目是对检验批的基本质量起决定性影响的检验项目，因此必须全部符合有关专业工程验收规范的规定。这意味着主控项目不允许有不符合要求的检验结果，即主控项目的检查具有否决权。

3) 完整的施工操作依据和质量检查记录

除主控项目和一般项目的质量经抽样检验符合要求外，检验批施工操作所依据的技术标准尚应符合设计、验收规范的要求，采用的企业标准不能低于国家、行业标准。

质量检查记录反映了检验批从原材料到最终验收的各施工工序的操作依据、检查情况以及保证质量所必需的管理制度等。对其完整性的检查，实际是对过程控制的确认，这是检验批合格的前提。

只有上述三项均符合要求，方能判定该检验批质量合格。若其中一项不符合要求，该检验批质量则不得判定为合格。

检验批质量验收记录的填写参见表 3-34。

(2) 分项工程验收的合格标准

分项工程是由一个或若干个检验批组成的。分项工程的验收是在所包含检验批全部合格的基础上进行的。分项工程质量验收合格应符合下列规定：

1) 所含检验批的质量均应验收合格；

2) 所含检验批的质量验收记录应完整。

分项工程合格质量的条件比较简单，只要构成分项工程的各检验批的验收资料文件完整，并且均已验收合格，则分项工程验收合格。

分项工程是由所含性质、内容一样的检验批汇集而成，是在检验批的基础上进行验收的，通常起着归纳整理的作用，一般情况下无新的内容和要求。但有时也有实质性的验收内容，在分项工程质量验收时应注意：

1) 对检验批的部位、区段是否全都覆盖分项工程的范围，有没有缺漏的部位没有验收到。

2) 应对检验批中没有提出结果的项目进行检查验收，如有龄期的混凝土试件强度、砌筑砂浆试件强度等级等。

3) 检验批时不能检查，延续到分项工程验收的项目，如全高垂直度、轴线位移等。

4）检验批验收记录的内容及签字人是否正确、齐全。

分项工程质量验收记录的填写参见表 3-33。

3. 检验批与分项工程验收的组织和程序

（1）检验批和分项工程质量验收的组织和程序

检验批应由专业监理工程师组织施工单位项目专业质量检查员、专业工长等进行验收。

分项工程应由专业监理工程师组织施工单位项目专业技术负责人等进行验收。

1）检验批和分项工程验收突出了监理工程师和施工者负责的原则。

施工过程的每道工序、各个环节、每个检验批的验收对工程质量起到把关的作用，首先应由施工单位的项目技术负责人组织自检评定，符合设计要求和规范规定的合格质量，项目专业质量检查员和项目专业技术负责人，分别在检验批和分项工程质量检验记录中相关栏目签字，此时表中有关监理的记录和结论暂时先不填，然后提交监理工程师或建设单位项目技术负责人进行验收。

2）监理工程师拥有对每道施工工序的施工检查权，并根据检查结果决定是否允许进行下道工序的施工。对于不符合规范和质量标准的验收批，有权并应要求施工单位停工整改、返工。

施工企业的质量检查人员（包括各专业的项目质量检查员），将企业检查评定合格的检验批、分项工程、分部（子分部）工程、单位（子单位）工程，填好表格后及时交监理单位，对一些政策允许的建设单位自行管理的工程，应交建设单位。监理单位或建设单位的有关人员应及时组织有关人员到工地现场，对该项工程的质量进行验收。可采取抽样方法、宏观检查的方法，必要时进行抽样检测，来确定是否通过验收。由于监理人员或建设单位的现场质量检查人员，在施工过程中是进行旁站、平行或巡回检查，根据自己对工程质量了解的程度，对检验批的质量，可以抽样检查或抽取重点部位或是认为有必要查的部位进行检查。

在对工程进行检查后，确认其工程质量符合标准规定，监理或建设单位人员要签字认可，否则，不得进行下道工序的施工。

如果认为有的项目或地方不能满足验收规范的要求时，应及时提出，让施工单位进行返修。

检验批验收的具体步骤可为：施工单位自检→填写"检验批的质量验收记录"→项目专业质量检查员在记录上签字→专业监理工程师或建设单位项目技术负责人组织验收。

3）分项工程施工过程中，应对关键部位随时进行抽查。所有分项工程施工，施工单位应在自检合格后，填写分项工程报检申请表，并附上分项工程评定表。属隐蔽工程的，还应将隐检单报监理单位，监理工程师必须组织施工单位的工程项目负责人和有关人员严格按每道工序进行检查验收。合格者，签发分项工程验收单。

（2）分包工程质量验收的程序和组织

单位工程中的分包工程完工后，分包单位应对所承包的工程项目进行自检，并应按检验批与分项工程验收的合格标准进行验收。验收时，总包单位应派人参加。分包单位应将所分包工程的质量控制资料整理完整，并移交给总包单位。

4. 建筑工程施工质量检查与验收的基本方法

无论是施工单位还是监理单位，在建筑工程施工质量检查或验收时所采用的方法，主要包括审查有关技术文件、报告和直接进行现场检查或必要的试验两类。

(1) 审查有关技术文件、报告或报表

对技术文件、报告、报表的审查，是施工项目部管理人员、监理人员等对工程质量进行全面检查和控制的重要手段，如审查有关技术资质证明文件、审查有关材料或半成品的质量检验报告，这同时也是各层次验收合格的条件之一。

(2) 现场实际项目质量检查与验收的方法

施工项目施工质量的好坏，不仅要进行技术资料的检查和验收，还须进行实际项目的质量检查与验收，如施工单位对某砌筑工程检验批的自检、工序交接检、专职人员检查以及监理单位对某钢筋工程检验批的检查和验收等。

现场实际项目质量检查与验收的方法归纳起来主要有目测法、实测法和试验法三种。

1) 目测法

其手段可归纳为看、摸、敲、照4个字。

看，就是根据质量标准进行外观目测。如施工顺序是否合理，工人操作是否正确等，均需通过目测检查、评价。进行观察检验的人需要具有丰富的经验，经过反复实践才能掌握标准。所以这种方法虽然简单、速度快，但掌握难度大。

摸，就是手感检查。主要用于装饰工程的某些检查项目，如水刷石、干粘石粘结牢固程度，油漆的光滑度，地面有无起砂等，均可通过手摸加以鉴别。

敲，是运用工具进行音感检查。对地面工程、装饰工程中的水磨石、面砖、锦砖和大理石贴面等，均应进行敲击检查，通过声音的虚实确定有无空鼓，还可根据声音的清脆和沉闷，判定属于面层空鼓或底层空鼓。又如，用手敲玻璃，如发出颤动声响，一般是底灰不满或压条不实。

照，对于难以看到或光线较暗的部位，则可采用镜子反射或灯光照射的方法进行检查。

2) 实测法

就是通过实测数据与施工规范及质量标准所规定的允许偏差对照，来判别质量是否合格。实测检查法的手段，也可归纳为4个字，即：靠、吊、量、套。

靠，是用直尺辅以塞尺检查墙面、地面、顶面的平整度。如对墙面、地面等要求平整的项目都利用这种方法检验。

吊，是用托线板上吊线锤检查墙面的垂直度。

量，是用测量工具和计量仪表等检查断面尺寸、轴线、标高、湿度、温度等的偏差。这种方法用得最多，主要是检查允许偏差项目。如砖砌外墙上下窗口偏移用经纬仪或吊线检查，钢结构焊缝余高用"量规"检查，管道保温厚度用钢针刺入保温层和尺量检查等。

套，是以方尺套方，辅以塞尺检查。如对阴阳角的方正、踢脚线的垂直度、预制构件的方正等项目的检查。对门窗口及门窗框的对角线检查，也是套方的特殊手段。

3）试验法

指必须通过试验手段，才能对质量进行判断的检查方法。如对桩或地基的静载试验，确定其承载力；对钢结构的稳定性试验，确定是否产生失稳现象；对钢筋对焊接头进行拉力试验，检验焊接的质量等。

单元小结

房屋的建筑质量主要通过过程控制和节点验收来进行监控，实际施工中往往注重节点验收，对过程控制重视不够，因此将一个庞大的工程进行层层分解，划分到检查与验收的最小单位检验批，每个检验批都合格的基础上保证了分项工程的合格，每个分项工程的合格又保证了分部工程的合格，在所有分部工程都合格的情况下，组织单位工程竣工验收。在验收过程中若发现不符合要求的情况，按让步验收的方法执行。经返修或加固处理仍不能满足安全或重要使用功能的分部工程及单位工程，严禁验收。

单元课业

课业名称：单位工程竣工验收模拟实训。

时间安排：利用课余时间，在本单元授课任务完成后两周内完成。

一、课业说明

本课业是为了让学习者掌握单位工程竣工验收的内容和程序，具备参加单位工程竣工验收的能力。

二、任务内容

1. 每班按 10 名成员分为一组。每个成员所形成的资料目录可以一样，但表格填写内容不应完全一样，要求每个成员必须独立完成；

  2. 制定验收方案；

  3. 准备验收资料；

  4. 制作单位工程竣工验收报告。

三、课业评价

评价内容与标准

技能	评价内容	评价标准
制定验收方案	1. 方案内容正确 2. 方案考虑周全	1. 方案和报告内容正确、全面，准备的资料种类齐全 2. 样表填写文字规范、语言准确 3. 文字、表格输入与排版正确
准备验收资料	1. 验收资料准备齐全 2. 表格内容填写规范	
制作单位工程竣工验收报告	1. 报告内容全面 2. 文档格式正确 3. 字体、字号选择正确 4. 版面美观	

能力的评定等级

4	C. 能高质、高效地完成此项技能的全部内容，并能指导他人完成； B. 能高质、高效地完成此项技能的全部内容，并能解决遇到的特殊问题； A. 能高质、高效地完成此项技能的全部内容
3	能圆满地完成此项技能的全部内容，并不需要任何指导
2	能完成此项技能的全部内容，但偶尔需要帮助和指导
1	能完成此项技能的全部内容，但是在现场指导下完成的

  注：不合格：不能达到 3 级；   合格：全部项目都能达到 3 级水平；

    良好：60％项目达到 4 级水平； 优秀：80％项目达到 4 级水平。

住宅工程质量分户验收

引　言

　　为提高住户对住宅工程质量满意度、促进和谐人居环境的建设，推行住宅工程质量分户验收是大势所趋。全国的许多地方已进行了试点。但目前各地在验收方式、执行标准等方面各不相同，全国还没有统一的分户验收标准。江苏省编制和实施了《住宅工程质量分户验收规程》DGJ32/J 103—2010，从验收内容、质量要求、检验方法、检查数量等方面强化和规范分户验收工作，以促进住宅工程质量水平提高，本规程适用于江苏省行政区域内新建、改建、扩建住宅工程和商住楼工程中住宅部分的质量分户验收及其监督管理。

学习目标

　　通过本单元的学习，你将能够

　　☑ 根据工程的实际情况，完成分户验收前的各项准备与审查工作；

　　☑ 结合各专业验收规范，正确有序地组织与进行分户验收工作；

　　☑ 针对验收过程中出现的不合格项目，提出处理意见。

2.1 住宅工程质量分户验收的基本规定

关键概念

分户验收；分户验收检查单元；偏差；极差。

1. 分户验收应具备下列条件：

(1) 工程已完成设计和合同约定的工作量。

(2) 所含（子）分部工程的质量均验收合格。

(3) 工程质量控制资料完整。

(4) 主要功能项目的抽查结果均符合要求。

(5) 有关安全和功能的检测资料应完整。

结构安全、主要使用功能等方面的验收情况，应作为分户验收的前提条件，在工程施工过程中进行验收和质量控制，不作为分户验收的内容。施工过程中出现的质量问题、事故应在施工过程中处理并验收完毕。

2. 分户验收前参验单位应做好一系列准备工作，这些工作是分户验收工作规范、有序进行的保障。分户验收前做好下列准备工作：

(1) 建设单位负责成立分户验收小组，组织制定分户验收方案，进行技术交底。

(2) 配备好分户验收所需的检测仪器和工具，并经计量检定合格。

(3) 做好屋面、厕浴间、外窗等有防水要求部位的蓄水（淋水）试验的准备工作。

(4) 在室内标识好暗埋的各类管线的走向区域和空间尺寸测量的控制点、线；配电控制箱内电气回路标识清楚，并且暗埋的各类管线走向应附图纸。

室内空间尺寸测量的控制点、线，指在室内每个房间地面距纵横墙体 50cm 处和中心点用十字交叉线标出净高测量点，按表 2-2 "室内空间尺寸测量示意图"标明相关点的编号。对于无分隔墙的房间应弹出墙体两侧边缘线作为测量基准线。

墙、地面标识方法的统一规定：将十字交叉线、H、L 及 0~9、冒号、小数点等阿拉伯数字、英文字母和符号，制作成尺寸大小为一号字体的塑料胎膜，盖取红印泥后在尺寸测量点位置，分别标识测量点、测量点编号（高度为 H、长度为 L）和相应的测量数据。如＋H3：2.625。

对公共部位按条文要求进行检查单元的划分，是为了明细检查内容，同时便于竣工验收时验收小组对分户验收情况的复核。

（5）确定检查单元。

检查单元划分应符合下列要求：室内检查单元以每户为一个检查单元；公共部位检查单元：每个单元的外墙为一个检查单元；每个单元每层楼（电）梯及上下梯段、通道（平台）为一个检查单元；地下室（地下车库等大空间的除外）每个单元或每个分隔空间为一个检查单元。

（6）建筑物外墙的显著部位镶刻工程铭牌。设置工程铭牌主要是增强参建各方的责任意识。工程质量的优劣，交由业内人士、社会和历史去检验和评价。

3. 分户验收人员应具备下列条件：

（1）建设单位参验人员应为项目负责人、工程建设专业技术人员；

（2）施工单位参验人员应为项目经理、质量检查员、施工员；

（3）监理单位参验人员应为总监理工程师、相关专业的监理工程师、监理员。

4. 分户验收应符合下列规定：

（1）检查项目应符合本规程的规定。

（2）每一检查单元计量检查的项目中有 90% 及以上检查点在允许偏差范围内，最大偏差应在允许偏差的 1.2 倍以内。

（3）分户验收记录完整。

分户验收主要考虑两个方面：①检查项目；②分户验收资料。每一个项目均应进行检查，其质量要求、检查方法、检查数量等应符合本规程要求，它对分户质量起决定性影响，从严要求是必须的。分户验收资料完整，是指按要求填写相关表格，内容真实齐全，结论明确，手续完善，如实反映验收情况。

5. 分户验收时应形成下列资料：

（1）分户验收过程中应按表 2-1～表 2-4 填写《住宅工程质量分户验收记录表》。

（2）分户验收结束后应按表 2-5 填写《住宅工程质量分户验收汇总表》。

室内地面、室内楼梯、室内墙面、室内顶棚抹灰、门窗验收记录表　　表 2-1

序号	单位工程名称			验收部位（户号）	
	现场检查项目			质量要求	质量验收记录
1	室内地坪	普通水泥楼地面	（1）水泥楼地面面层粘结质量	第 4.1.1 条	
			（2）外观质量	第 4.1.2 条	
		板块楼地面	（1）板块楼地面面层与基层粘接质量	第 4.2.1 条	
			（2）外观质量	第 4.2.2 条	
		木、竹楼地面面层	（1）木、竹楼地面面层铺设	第 4.3.1 条	
			（2）外观质量	第 4.3.2 条	
2	室内楼梯		（1）楼梯尺寸	第 4.4.1 条	
			（2）楼梯面层质量	第 4.4.2 条	

续表

序号	单位工程名称		验收部位（户号）	
	现场检查项目		质量要求	质量验收记录
3	室内墙面	(1) 室内墙面面层粘结质量	第5.1.1条	
		(2) 室内墙面观感质量	第5.1.2条	
		(3) 室内墙面涂饰面层粘结质量	第5.1.3条	
		(4) 室内墙面涂饰面层观感质量	第5.1.4条	
		(5) 室内墙面裱糊及软包面层粘结、安装质量	第5.1.5条	
		(6) 室内墙面裱糊及软包面层观感质量	第5.1.6条	
		(7) 室内墙面饰面板（砖）面层粘结质量	第5.1.7条	
		(8) 室内墙面饰面板（砖）面层粘结质量	第5.1.8条	
4	室内顶棚抹灰	(1) 室内顶棚粘结质量	第5.2.1条	
		(2) 顶棚抹灰观感质量	第5.2.2条	
		(3) 室内顶棚涂饰面层的质量	第5.2.3条	
		(4) 室内顶棚裱糊面层的质量	第5.2.4条	
5	门窗	(1) 门窗开启性能	第7.1.1条	
		(2) 门窗配件	第7.1.2条	
		(3) 门窗密封	第7.1.3条	
		(4) 门窗的排水	第7.1.4条	
		(5) 进户门质量	第7.1.5条	
		(6) 户内门质量	第7.1.6条	
		(7) 窗帘盒、门窗套及台面	第7.1.7条	

室内空间尺寸、护栏和扶手、玻璃安装、橱柜工程、防水工程验收记录表　　表2-2

序号	单位工程名称														验收部位（户号）				
	房间编号	净高推算值(mm)	长宽推算值(mm)		实测值（mm）										计算值（mm）				
															净高		净开间		
		H	L_1	L_2	H_1	H_2	H_3	H_4	H_5	L_1	L_2	L_3	L_4		最大偏差	极差	最大偏差	极差	
6																			

室内空间尺寸测量示意图

套型示意图贴图区，标注房间编号

续表

序号	单位工程名称			验收部位（户号）	
		现场检查项目		质量要求	质量验收记录
7	护栏和扶手		护栏和扶手的造型、尺寸、高度、栏杆间距和安装位置	第 7.2.1 条	
8	玻璃安装		1 玻璃的品种、规格、尺寸、色彩、图案和涂膜朝向	第 7.3.1 条	
			2 落地门窗、玻璃隔断的安全措施	第 7.3.2 条	
			3 玻璃观感质量	第 7.3.3 条	
9	橱柜工程		1 橱柜安装	第 7.4.1 条	
			2 橱柜观感质量	第 7.4.2 条	
10	防水工程	外墙	外墙防水	第 8.0.1 条	
		外窗	外窗防水	第 8.0.1 条	
		防水地面	厨卫间、开放式阳台等地面防水效果	第 8.0.1 条	
			厕浴间、厨房和有排水（或其他液体）要求的建筑地面面层与相连接各类面层的标高差	第 8.0.1 条	
		屋面	屋面防水	第 8.0.1 条	

给排水工程、室内采暖系统、电气工程、智能建筑、通风与空调工程验收记表　　表 2-3

序号	单位工程名称			验收部位（户号）	
		现场检查项目		质量要求	质量验收记录
11	给排水工程	给水管道安装工程	（1）给水管道及配件安装	第 9.1.1 条	
			（2）功能试验	第 9.1.2 条	
		排水管道安装工程	（1）室内排水管道及配件安装	第 9.2.1 条	
			（2）地漏	第 9.2.2 条	
			（3）排水管道系统功能试验	第 9.2.3 条	
		卫生器具安装	（1）卫生器具安装	第 9.3.1 条	
			（2）卫生器具功能试验	第 9.3.2 条	
12	室内采暖系统		（1）管道及管配件安装	第 10.0.1 条	
			（2）分、集水器	第 10.0.2 条	
			（3）散热器	第 10.0.3 条	
13	电气工程		（1）分户配电箱安装	第 11.0.1 条	
			（2）开关、插座安装	第 11.0.2 条	
			（3）导线连接	第 11.0.3 条	
			（4）等电位连接	第 11.0.4 条	
			（5）灯具安装	第 11.0.5 条	
			（6）插座接线连接	第 11.0.6 条	
14	智能建筑		（1）多媒体箱安装	第 12.0.1 条	
			（2）信息插座面板安装	第 12.0.2 条	
			（3）CATV、网络通信等传输导线	第 12.0.3 条	
			（4）安全防范系统措施	第 12.0.4 条	
			（5）报警及联动	第 12.0.5 条	

续表

序号	单位工程名称			验收部位（户号）	
		现场检查项目		质量要求	质量验收记录
15	通风与空调工程	（1）空调洞留设		第13.0.1条	
		（2）送风、制冷、制热功能		第13.0.2条	
		（3）控制开关功能		第13.0.3条	

其他部位验收记录表　　　　　　　　　　表 2-4

序号	单位工程名称			验收部位（户号）	
		现场检查项目		质量要求	质量验收记录
16	其他	（1）地下室防水		第14.0.1条	
		（2）地下室通道		第14.0.2条	
		（3）烟道		第14.0.3条	
		（4）通风道		第14.0.4条	
		（5）信报箱		第14.0.5条	
验收结果		共检查　项，合格　项，不合格　项			
		结论：			
建设单位		监理单位		施工单位	
验收人员：		验收人员：		验收人员：	
	年　月　日		年　月　日		年　月　日

注：表 2-1～表 2-4 中质量要求第××条均指《住宅工程质量分户验收规程》DGJ32/J103—2010 中相应条文。

住宅工程质量分户验收汇总表　　　　　　　表 2-5

工程名称		结构及层数		面积	m²
建设单位		监理单位		总户数	
施工单位		开工日期			
验收情况					
验收时间	根据《住宅工程质量分户验收规程》DGJ32/J 103—2010 的要求，于__年__月__日—__年__月__日对本工程进行了分户验收				
验收户数	本工程共_____户 共验收_____户 验收合格_____户 验收不合格_____户，已整改至合格_____户 不符合《住宅工程质量分户验收规程》，但不影响结构安全和使用功能_____户				
	不符合《住宅工程质量分户验收规程》DGJ32/J 103—2010 部分条款要求，但不影响结构安全和使用功能_____户，户号为：				
验收结论					
建设单位 项目负责人：		监理单位 总监理工程师：		施工单位 建造师：	
	（公章） 年　月　日		（公章） 年　月　日		（公章） 年　月　日

本条规定分户验收时应形成验收资料，资料不得后补，内容应真实齐全，同时对资料的整理、存档提出了要求。分户验收资料应单独整理、组卷，随施工技术资料一并归档。

6. 住宅工程质量分户验收不符合要求时，应按下列规定进行处理：

(1) 施工单位制订处理方案报建设单位审核后，对不符合要求的部位进行返修或返工。

(2) 处理完成后，应对返修或返工部位重新组织验收，直至全部符合要求。

(3) 当返修或返工确有困难而造成质量缺陷时，在不影响工程结构安全和使用功能的情况下，建设单位应根据《建筑工程施工质量验收统一标准》GB 50300—2013 第 5.0.6 条（即单元 1 建筑工程竣工验收第 1.4.1 节所述）规定进行处理，并将处理结果存入分户验收资料。

【实训】

制订一个住宅小区其中一栋楼的分户验收方案。

【课后讨论】

在分户验收开展之前，要做好哪些准备工作？

2.2　住宅工程质量分户验收的内容与方法

关键概念

空间尺寸；净开间；净进深；净高。

2.2.1　室内地面

1. 普通水泥楼地面（混凝土、水泥砂浆楼地面）

(1) 水泥楼地面面层粘结质量

验收内容：水泥楼地面面层粘结质量。

质量要求：面层与基层应结合牢固，无空鼓。

检验方法：用小锤轻击，沿自然间进深和开间两个方向每间隔 $400\sim500$mm 均匀布点，逐点敲击。

注：空鼓面积不大于 400cm^2，且每自然间（标准间）不多于 2 处可不计。

检查数量：对所有布点全数检查。

(2) 观感质量

验收内容：面层观感质量。

质量要求：水泥楼地面工程面层应平整，不应有裂缝、脱皮、起砂等缺陷，阴阳角应方正顺直。

检验方法：俯视地坪观察检查。

检查数量：逐间检查。

2. 板块楼地面面层

(1) 板块楼地面面层与基层粘贴质量

验收内容：板块面层粘贴质量。

质量要求：板块面层与基层上下层应结合牢固、无空鼓。

检验方法：用小锤轻击检查。

检查数量：对每一自然间板块地坪按梅花形布点进行敲击，板块阳角处应全数检查。

注：单块板块局部空鼓，面积不大于单块板材面积的20%，且每自然间（标准间）不超过总数的5%可不计。

(2) 观感质量

验收内容：板块楼地面面层观感质量。

质量要求：板块面层表面应洁净、平整，无明显色差，接缝均匀、顺直，板块无裂缝、掉角、缺棱等缺陷。

检验方法：俯视地坪检查板块面层观感质量缺陷。

检查数量：全数检查。

3. 木、竹楼地面面层

(1) 木、竹楼地面面层铺设

验收内容：木、竹面层铺设、粘贴、响声等质量。

质量要求：木、竹面层铺设应牢固，粘结无空鼓，脚踩无响声。

检验方法：观察、脚踩或用小锤轻击检查。

检查数量：对每一自然间木、竹地面按梅花形布点进行检查。

(2) 观感质量

验收内容：木、竹楼地面面层观感质量。

质量要求：木、竹面层表面应洁净、平整，无明显色差，接缝严密、均匀，面层无损伤、划痕等缺陷。

检验方法：检查木、竹面层观感质量缺陷，俯视面层观察检查。

检查数量：全数检查。

注：同房间每处划痕最长不超过100mm，所有划痕累计长度不超过300mm。

4. 室内楼梯

(1) 楼梯尺寸

验收内容：楼梯踏步尺寸。

质量要求：室内楼梯踏步的宽度、高度应符合设计要求，相邻踏步高差、踏步两端宽度差不应大于10mm。

检验方法：尺量检查。

检查数量：全数检查。

（2）楼梯面层

室内楼梯面层的施工质量按材质不同分别对应相应的质量验收要求进行验收。

2.2.2　室内墙面、顶棚抹灰工程

1. 室内墙面

（1）室内墙面抹灰面层

1）室内墙面面层粘结质量

验收内容：室内墙面面层与基层粘结质量。

质量要求：抹灰层与基层之间及各抹灰层之间必须粘结牢固，不应有脱层、空鼓等缺陷。

检验方法：空鼓用小锤在可击范围内轻击，间隔 400～500mm 均匀布点，逐点敲击。

注：空鼓面积不大于 400cm²，且每自然间（标准间）不多于 2 处可不计。

检查数量：全数检查

2）室内墙面观感质量

验收内容：室内墙面观感质量。

质量要求：室内墙面应平整，表面应光滑，洁净，颜色均匀，立面垂直度、表面平整度应符合《建筑装饰装修工程质量验收规范》GB 50210—2001 中表 4.2.11 的相关要求，阴阳角应顺直。不应有爆灰、起砂和裂缝。

检验方法：距墙 0.8～1.0m 处观察检查。

检查数量：全数检查。

（2）室内墙面涂饰面层

1）涂饰面层粘结质量

验收内容：室内墙面涂饰面层与基层粘结质量。

质量要求：涂饰面层应粘结牢固，不得漏涂、透底、起皮、掉粉和反锈等缺陷。

检验方法：观察、手摸检查。

检查数量：全数检查。

2）室内墙面涂饰面层观感质量

验收内容：室内墙面涂饰面层观感质量。

质量要求：室内墙面涂饰面层不应有爆灰、裂缝、起皮，同一面墙无明显色差；表面无划痕、损伤、污染，阴阳角应顺直。

检验方法：距墙 0.8～1.0m 处观察检查。

检查数量：全数检查。

（3）室内墙面裱糊及软包面层

1）裱糊及软包面层粘结、安装质量

验收内容：室内墙面裱糊及软包面层与基层粘结、安装质量。

质量要求：裱糊面层应粘结牢固，不得有漏贴、补贴、脱层、空鼓和翘边；软包的龙骨、衬板、边框应安装牢固，无翘曲，拼缝应平直。

检验方法：观察、手摸检查。

检查数量：全数检查。

2）室内墙面裱糊及软包面层观感质量

验收内容：室内墙面裱糊及软包面层观感质量。

质量要求：室内裱糊墙面应平整、色泽一致，相邻两幅不显拼缝、不离缝、花纹图案应自然吻合；同一块软包面料不应有接缝，四周应绷压严密。

检验方法：手摸，距墙 0.8~1.0m 处观察检查。

检查数量：全数检查。

（4）室内墙面饰面板（砖）面层

1）室内墙面饰面板（砖）面层粘贴质量

验收内容：室内墙面饰面板（砖）面层粘贴质量。

质量要求：室内墙面饰面板（砖）面层应结合牢固、无空鼓。

检验方法：用小锤轻击检查。

检查数量：对每一自然间内 400~500mm 按梅花形布点进行敲击，板块阳角处应全数检查。

注：单块板块局部空鼓，面积不大于单块板材面积的 20%，且每自然间（标准间）不超过总数的 5% 可不计。

2）室内墙面饰面板（砖）面层观感质量

验收内容：室内墙面饰面板（砖）面层观感质量。

质量要求：室内墙面饰面板（砖）面层表面应洁净、平整，无明显色差，接缝均匀，板块无裂缝、掉角、缺棱等缺陷。

检验方法：手摸，距墙 0.8~1.0m 处观察检查。

检查数量：全数检查。

2. 室内顶棚抹灰

（1）室内顶棚抹（批）灰

1）室内顶棚粘结质量

验收内容：顶棚抹（批）灰与基层的粘结质量。

质量要求：顶棚抹（批）灰层与基层之间及各抹（批）灰层之间必须粘结牢固，无空鼓。

检验方法：观察检查。当发现顶棚抹（批）灰有裂缝、起鼓等现象时，采用小锤轻击检查。

质量要求：全数检查。

2）顶棚抹（批）灰观感质量

验收内容：顶棚抹（批）灰观感。

质量要求：顶棚抹（批）灰应光滑、洁净，面层无爆灰和裂缝，表面应平整。

检验方法：观察检查。

检查数量：全数检查。

（2）室内顶棚涂饰面层

室内顶棚涂饰面层的质量要求同"室内墙面"第 2）条。

（3）室内顶棚裱糊面层

室内顶棚裱糊面层的质量要求同"室内墙面"第 3）条。

2.2.3　空间尺寸

由于目前住宅工程多为初装修标准，住户在精装修过程中，空间尺寸的偏差会在测量中发现。如偏差较大，将直接影响二次装修效果，易引发住户投诉。据不完全统计，此类质量投诉占总量的 20％左右。为了加强质量控制，降低住宅工程质量投诉率，在分户验收时必须对空间尺寸进行测量。

为防止在单位工程竣工前抽测时发现空间尺寸超标部位较多或有较大偏差，造成大面积返修或返工现象，在主体结构验收前对空间尺寸亦应进行一次全面测量，对过大的偏差及时纠正，也可通过初装修施工来调整，以体现过程控制的原则。

竣工验收前对空间尺寸的检查是交付给住户前的最后一道关，应认真测量。

1. 验收内容：净开间、进深和净高的测量；空间尺寸偏差和极差。

2. 质量要求：空间尺寸的允许偏差值和允许极差值应符合表 2-6 规定。

室内空间尺寸的允许偏差值和允许极差值　　　　　　　　　　　表 2-6

项目	允许偏差（mm）	允许极差（mm）	检查方法
净开间、进深	±15	20	用激光测距仪辅以钢卷尺检查
净高度	−15	20	

注：经过装修，允许偏差值、允许极差值各减小 5mm。

3. 检查方法：

（1）空间尺寸检查前应根据户型特点确定测量方案，并按设计要求和施工情况确定空间尺寸的推算值。

（2）空间尺寸测量宜按下列程序进行：

1）在分户验收记录所附的套型图上标明房间编号。

2）净开间、进深尺寸每个房间各测量不少于 2 处，测量部位宜在距墙角（纵横墙交界处）50cm，高度距楼面 1m 处。净高尺寸每个房间测量不少于 5 处，测量部位为房间四角距纵横墙 50cm 处及房间几何中心处。

3）每户检查时应按表 2-1～表 2-4 进行记录，检查完毕检查人员应及时签字。

（3）特殊形状的自然间可单独制定测量方法。

4. 检查数量：自然间全数检查。

2.2.4 门窗、护栏和扶手、玻璃安装、橱柜工程

1. 门窗工程

(1) 门窗开启性能

验收内容：门窗开关使用性能。

质量要求：门窗应开关灵活、关闭严密，无倒翘。

检查方法：观察、手扳检查；开启和关闭检查。

检查数量：全数检查。

(2) 门窗配件

验收内容：门窗配件规格、数量、位置。

质量要求：门窗配件的规格、数量应符合设计要求，安装应牢固，位置应正确，功能应满足使用要求。配件应采用不锈钢、铜等材料，或有可靠的防锈措施。

检查方法：观察、手扳检查；开启和关闭检查。

检查数量：全数检查。

(3) 门窗扇的橡胶密封条或毛毡密封条

验收内容：门窗扇的橡胶密封条或毛毡密封条。

质量要求：门窗扇的橡胶密封条或毛毡密封条应安装完好，不应脱槽。铝合金门窗的橡胶密封条应在转角处断开，并用密封胶在转角处固定。

检查方法：观察、手扳检查。

检查数量：全数检查。

(4) 门窗的排水及窗周的施工质量

验收内容：门窗的排水孔、流水坡度、滴水线（槽）。

质量要求：有排水孔的门窗，排水孔应畅通，位置数量应满足排水要求。窗台流水坡度，滴水线（槽）设置符合要求。

检查方法：观察、手模检查。

检查数量：全数检查。

(5) 进户门质量

验收内容：分户门的种类、性能、开启及外观质量。

质量要求：分户门的种类、性能应符合设计要求，开启灵活，关闭严密，无倒翘，表面色泽均匀，无明显损伤和划痕。

检查方法：检查质保书及检测报告，观察、开启检查。

检查数量：全数检查。

(6) 户内门质量

验收内容：内门种类、外观质量。

质量要求：内门种类应符合设计要求；内门开关灵活，关闭严密，无倒翘，表面无损伤、划痕。

检查方法：观察；开启检查。

检查数量：全数检查。

（7）窗帘盒、门窗套及台面

验收内容：窗帘盒、门窗套及台面种类、表面质量。

质量要求：窗帘盒、门窗套种类及台面应符合设计要求；门窗套平整、线条顺直、接缝严密、色泽一致，门窗套及台面表面无划痕及损坏。

检查方法：观察；手摸检查。

检查数量：全数检查。

2. 护栏和扶手工程

验收内容：护栏和扶手的材质、造型、尺寸、高度、栏杆间距和安装质量。

质量要求：护栏和扶手的材质、造型、尺寸、高度、栏杆间距应符合设计要求，安装牢固，无毛刺，并应符合下列规定：

1）护栏应以坚固、耐久的材料制作，并能承受荷载规范规定的水平荷载。

2）阳台、外廊、内天井及上人屋面等临空处栏杆高度不应小于 1.05m，中高层、高层建筑的栏杆高度不应低于 1.10m。

3）栏杆应采用不宜攀登的构造。当采用花式护栏或有水平杆件时，应设置防攀爬（设置金属密网或钢化玻璃肋）措施。

4）楼梯扶手高度不应小于 0.9m，水平段杆件长度大于 0.5m 时，其扶手高度不应小于 1.05m。

5）栏杆垂直杆件的净距不应大于 0.11m。

6）外窗台低于 0.9m，应有防护措施。

7）护栏玻璃应使用公称厚度不小于 12mm 的钢化玻璃或钢化夹层玻璃。当护栏一侧距楼地面高度 5m 及以上时，应使用钢化夹层玻璃。

8）当设计文件规定室内楼梯栏杆由住户自理时，应设置安全防护措施。

检验方法：观察、尺量检查；手扳检查。

检查数量：全数检查。

3. 玻璃安装工程

（1）玻璃的品种

验收内容：玻璃的品种、规格、尺寸、色彩、图案和涂膜朝向。

质量要求：玻璃的质量应符合设计和相应标准的要求。

检查方法：观察、尺量检查；检查玻璃标记。

检查数量：全数检查。

（2）落地门窗、玻璃隔断的安全措施

验收内容：落地门窗、玻璃隔断等的醒目标志或护栏。

质量要求：落地门窗、玻璃隔断等易受人体或物体碰撞的玻璃，应在视线高度设醒目标志或护栏，碰撞后可能发生高处人体或玻璃坠落的部位，必须设置可靠的护栏。

检查方法：观察检查。

检查数量：全数检查。

（3）玻璃观感质量

验收内容：门窗玻璃安装、表面观感。

质量要求：安装后的玻璃应牢固，不应有裂缝、损伤和松动。中空玻璃内外表面应洁净，玻璃中空层内不应有灰尘和水蒸气。

检验方法：尺量、观察检查。

检查数量：全数检查。

4. 橱柜工程

（1）橱柜安装

验收内容：橱柜安装位置及固定方法。

质量要求：橱柜安装位置、固定方法应符合设计要求，且安装必须牢固，配件齐全。

检查方法：观察、手扳检查。

检查数量：全数检查。

（2）观感质量

验收内容：橱柜表面观感质量。

质量要求：橱柜表面平整、洁净、色泽一致，无裂缝、翘曲及损坏。橱柜裁口顺直、拼缝严密。

检查方法：观察检查。

检查数量：全数。

2.2.5 防水工程

1. 外墙防水

验收内容：外墙面的防渗漏功能。

质量要求：工程竣工时，墙面不应有渗漏等缺陷。

检查方法：

（1）进户目测观察检查，对户内外墙体发现有渗漏水、渗湿、印水及墙面开裂现象的部位作醒目标记，查明渗漏、开裂原因，并将检查情况作详细书面记录。

（2）再按图2-1做外窗淋水后进户目测观察检查。

检查数量：逐户全数检查。

2. 外窗防水

验收内容：住宅外窗的防水性能。

质量要求：

（1）建筑外墙金属窗、塑料窗水密性、气密性应由经备案的检测单位进行现场抽检合格。

（2）门窗框与墙体之间采用密封胶密封。密封胶表面应光滑、顺直，无裂缝。

（3）外窗及周边不应有渗漏。

检验方法：

(1) 建筑外墙金属窗、塑料窗的现场抽样检测报告。

(2) 淋水观察检查或雨后检查。

采用人工淋水试验，每 3～4 层（有挑檐的每 1 层）设置一条横向淋水带，淋水时间不少于 1h 后进户目测观察检查，对户内外门、窗有渗漏水、渗湿、印水现象的部位作醒目标记，查明渗漏原因，并将检查、处理情况作出详细书面记录。

外窗（墙）淋水试验方法具体如下：

(1) 宜选择镀锌钢管或 PPR 管等具有较好刚度的材料制作引水和淋水管件，引水管从外窗引出，并做有效固定和保证淋水管不变形（每 2m 设置不少于 1 个引水管或固定管）；

(2) 淋水管管径宜为 15～20mm，距窗（墙）表面距离宜为 100～150mm，喷水孔可用手枪钻等工具加工，喷水孔成直线均匀分布，喷水方向与水平方向角度宜为 30°左右，孔径 4～5mm，孔间距 100～150mm，水量为自来水正常水压下最大量或采用增压泵增压取水，确保在外窗（墙）表面形成水幕（图 2-1）；

(3) 淋水 1h 后拆除至下一个淋水层，并观察记录该淋水带范围内外窗（墙）及周边的渗漏情况。

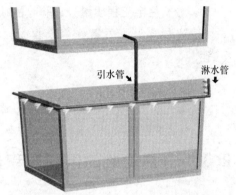

图 2-1　外门窗（墙）淋水示意图

检查数量：

(1) 建筑外墙金属窗、塑料窗现场抽样数量按现行国家验收规范窗复验要求的数量，现场检测可代替窗进场抽样复验。同一单位工程、同一厂家、同一材料、同一工艺生产的外墙窗可按同一检验批进行抽检。

(2) 人工淋水逐户全数检查。

3. 防水地面

验收内容：厨卫间、开放式阳台等有防水、排水要求的楼地面防水质量。

质量要求：防水地面不得存在渗漏和积水现象，排水畅通。

检验方法：蓄水、放水后检查。蓄水深度不小于 20mm，蓄水时间不少于 24h。

检查数量：全数检查。

4. 屋面防水

验收内容：住宅屋面防水性能及节点构造。

质量要求：

(1) 屋面不应留有渗漏、积水等缺陷。

(2) 天沟、檐沟、泛水、变形缝等构造，应符合设计要求。

检查方法：

（1）对照设计文件要求，观察检查天沟、檐沟、泛水、变形缝和伸出屋面管道的防水构造是否满足设计及规范要求。

（2）平屋面分块蓄水，蓄水深度不低于 20mm，24h 后目测观察检查户内顶棚，天沟、管道根部，不应有渗漏现象。

（3）坡屋面在雨后或持续淋水 2h 后目测观察检查，不应渗漏。

检查数量：住宅顶层逐户全数检查。

注："给水排水工程"、"室内采暖系统"、"电气工程"、"智能建筑"、"通风与空调工程"与"其他"详见《住宅工程质量分户验收规程》DGJ32 /J103—2010。

【实训】

利用学校或学校周边住宅工程，进行住宅工程质量分户验收模拟实训。

【课后讨论】

1. 分析住宅工程质量分户验收的缺陷。

2. 当住宅工程质量分户验收时，发现建筑层高达不到空间尺寸要求，应如何处理？

2.3 分户验收的组织及程序

关键概念

分户验收合格证。

1. 住宅工程分户验收由建设单位组织，验收小组人员不应少于 4 人，其中安装人员不少于 1 人。验收人员应符合要求。已选定物业公司的，物业公司宜参与住宅工程分户验收工作。

2. 住宅工程质量分户验收应按以下程序及要求进行：

（1）依照分户验收要求的验收内容、质量要求、检查数量合理分组，成立分户验收组，并依据相应要求做好分户验收前的准备工作；

（2）分户验收过程中，验收人员应及时填写、签认《住宅工程质量分户验收记录表》（表 2-1～表 2-4），每户验收符合要求后应在户内醒目位置张贴《住宅工程质量分户验收合格证》（表 2-7）；

住宅工程质量分户验收合格证　　　　　　　　表 2-7

工程名称		楼　　　单元　　室	
完工时间	年　月　日	设计使用年限	
该户已按《住宅工程质量分户验收规程》DGJ32/J 103—2010 的要求进行验收，验收结论为 合格			
验收人员	建设单位	监理单位	
	施工单位	物业管理单位	
分户验收日期： 年　月　日（建设单位章）			
备注			

(3) 分户验收检查过程中发现不符合要求的分户或公共部位检查单元，检查小组应对不符合要求部位及时当场标注并记录，并按第 2.1 节中第 6 点内容所述进行处理；

(4) 单位工程通过分户验收后，参加验收单位应按表 2-5 填写《住宅工程质量分户验收汇总表》。

3. 住宅工程竣工验收前，建设单位应将包含验收的时间、地点及验收组名单的《单位工程竣工验收通知书》连同《住宅工程质量分户验收汇总表》报送该工程的质量监督机构。

4. 住宅工程竣工验收时，竣工验收组应通过现场抽查的方式复核分户验收记录，核查分户验收标记，工程质量监督机构对验收组复核工作予以监督，每单位工程抽查不少于 2 户。

住宅工程竣工验收复核发现验收条件不符合相关规定、分户验收记录内容不真实或存在影响主要使用功能的严重质量问题时，应终止验收，责令改正，符合要求后重新组织竣工验收。

5. 住宅工程交付使用时，建设单位应向住户提交《住宅工程质量分户验收合格证》(表 2-7)。建设单位保存的《住宅工程质量分户验收记录表》供有关部门和住户查阅。

【实训】
收集、整理一份完整的住宅工程分户验收资料。

【课后讨论】
1. 住宅工程质量分户验收的组织者是谁，需要组织谁参加？
2. 简述分户验收的程序，以及同步形成的资料。

相关知识

分户验收中的重要术语

1. 住宅工程质量分户验收：住宅工程竣工验收前，建设单位组织施工单位、监理单位，对住宅工程的每一户及其公共部位，主要涉及使用功能和观感质量进行的专门验收。

2. 推算值：根据设计文件，由建筑设计层高、轴线等尺寸减去结构构件和装修层等尺寸计算得出的数值。

3. 偏差：实测值与推算值之差。

4. 极差：同一自然间内实测值中最大值与最小值之差。

5. 分户验收检查单元：分户验收过程中划分的最小检查单位，包括：室内检查单元、公共部位检查单元。

6. 空间尺寸：住宅工程户内自然间内部净空尺寸，主要包括净开间、净进深和净高度尺寸。

单元小结

为了促进住宅工程质量水平提高，分户验收工作从验收内容、质量要求、检验方法、检查数量等方面强化和规范。江苏省编制和实施了《住宅工程质量分户验收规程》DGJ32/J 103—2010，适用于江苏省行政区域内新建、改建、扩建等住宅工程以及含厨卫间的商住楼住宅部分的质量分户验收及其监督管理。

单元课业

课业名称：制作一住宅工程质量分户验收资料。

时间安排：利用课余时间，在本周授课任务完成后一周内完成。

一、课业说明

要求每位完成者各自选择住宅工程，明确验收内容和质量要求，采用正确的检验方法，将资料填写完整。

二、任务内容

每班按 3～4 名成员分为若干小组。每个成员所形成的资料目录可以一样，但表格填写内容不应完全一样，要求每个成员必须独立完成。

1. 列出验收内容和质量要求；
2. 正确填写每份资料；
3. 形成电子文档。

三、课业评价

评价内容与标准

技能	评价内容	评价标准
列出验收内容和质量要求	1. 验收内容正确 2. 质量要求正确 3. 检验方法和数量正确	1. 能根据单位工程的具体实际列出资料名称 2. 样表填写文字规范、语言准确 3. 文字、表格输入、排版正确
填写资料表	1. 正确选择样表 2. 表内容填写规范	
形成电子文档	1. 文档格式正确 2. 字体、字号选择正确 3. 版面美观	

能力的评定等级

4	C. 能高质、高效地完成此项技能的全部内容，并能指导他人完成； B. 能高质、高效地完成此项技能的全部内容，并能解决遇到的特殊问题； A. 能高质、高效地完成此项技能的全部内容
3	能圆满地完成此项技能的全部内容，并不需要任何指导
2	能完成此项技能的全部内容，但偶尔需要帮助和指导
1	能完成此项技能的全部内容，但是在现场指导下完成的

注：不合格：不能达到 3 级；合格：全部项目都能达到 3 级水平；良好：60％项目能达 4 级水平；优秀：80％项目达到 4 级水平。

建筑工程施工质量验收资料填写范例

引　言

　　建筑工程施工资料是反映建筑工程质量状况和施工企业管理水平的主要依据，是确定工程质量等级、追究工程质量责任的凭证，是交工验收的依据，可以说建筑工程施工资料记录了工程项目诞生的全过程，对单位工程的使用、改造、扩建、维修、装潢等起着指导作用。

　　建筑工程施工质量验收资料是建筑工程施工资料中最为重要的一部分内容，它能反映建筑工程的内在施工质量，是建筑工程安全可靠性和竣工验收的凭证，是追究工程质量事故和有关责任人的依据。

　　建筑工程施工质量验收资料由四部分组成：一是施工技术管理资料；二是工程质量控制资料；三是安全和功能检验资料；四是工程质量验收记录。

学习目标

　　通过本单元的学习，你将能够

　　☑ 全面、深入地认识施工质量验收资料；

　　☑ 根据范例正确地制作施工质量验收资料。

3.1 施工技术管理资料填写范例

关键概念

施工许可证；质量责任制；技术交底。

施工技术管理资料主要包括：

(1) 工程概况：填写格式详见表 3-1。

(2) 工程项目施工管理人员名单：填写格式详见表 3-2。

(3) 施工现场质量管理检查记录：填写格式详见表 3-3。

(4) 施工组织设计、施工方案审批表：填写格式详见表 3-4。

(5) 技术交底记录：填写格式详见表 3-5。

(6) 开工报告：填写格式详见表 3-6。

(7) 竣工报告：填写格式详见表 3-7。

(8) 混凝土配合比通知单。

(9) 砂浆配合比通知单。

(10) 特种混凝土和砂浆配合比通知单。

(11) 施工招标文件。

(12) 工程总承包合同及分包合同。

(13) 工程预（决）算书。

工程概况 表 3-1

工程名称	××工程		工程地址	××市××区××路
工程类型	☑ 1. 建筑；□2. 设备安装；□3. 装修工程			预（概）算建安工作量
	☑ 1. 新建；□2. 扩建；□3. 改建			××万元
投资类型	□1. 外资；□2. 合资；☑ 3. 国有；□4. 集体；□5. 民营		其中：桩基	××万元
建筑面积	29239m²	层次	地下 2 层、地上 17 层	土建	××万元
结构类型	框架剪力墙	开工日期	×年×月×日	安装	××万元
完工日期	×年×月×日	验收日期	×年×月×日	装修	××万元
	单位名称		资质等级	法人代表	项目负责人
建设单位	××集团开发有限公司			×××	×××
勘察单位	××勘察设计院		甲级	×××	×××
设计单位	××建筑设计院		甲级	×××	×××

续表

工程名称		××工程	工程地址	××市××区××路	
监理单位		××建设监理有限公司	甲级	×××	×××
施工单位	总包	××建设集团有限公司	一级	×××	×××
	分包	××装饰装修工程有限公司	专业一级	×××	×××
	分包	××机电工程有限公司	专业一级	×××	×××
	分包	××电梯有限公司	专业一级	×××	×××
结构及装修概况	基础	地基持力层为砂卵石层，局部为中砂层，Ⅱ类场地土，筏板式基础，板厚为300～500mm，混凝土强度等级为C30，抗渗等级为P8			
	主体结构	框架剪力墙：柱混凝土强度等级：地下室C50，1～12层C40，13层以上C30，最大截面积尺寸为950mm×950mm；外墙厚度为300mm，内墙厚度为200mm，混凝土强度等级13层以下C40，13层以上C30。二次结构为120mm、240mm厚陶粒混凝土砌块隔墙			
	屋面	平屋面。设保温层，找平层，不上人屋面聚氯乙烯卷材柔性防水层、上人屋面铺设缸砖保护层			
	楼、地面	地砖、花岗岩、地毯			
	门窗	门为钢制防火门、铝合金门、木质模压内门，外窗为塑钢窗、铝合金窗			
	外装饰	外墙装饰以面砖为主，主入口干挂石材			
	内装饰	内墙装饰以乳胶漆为主，局部房间为壁布吸声墙面和软包墙面，顶棚为矿棉吸声板、铝塑板、石膏板吊顶，楼梯为水泥面层			
	水、暖、卫	室内给水系统、室内排水系统、室内热水供应系统、卫生器具安装、室内采暖系统、建筑中水系统及游泳池系统、消防系统			
	电气	变配电室、供电干线、电气动力、电气照明安装、防雷及接地安装			
附注 外围护墙采用整体保温；通风空调：中央空调，提供冷（热）风至各房间；电梯：共12部（客梯、消防电梯、专用客梯）；智能建筑：通信网络系统、信息网络系统、建筑设备监控系统、火灾报警及消防联动系统、综合布线系统等					

复核人：×××　　　　　　　　　　　　　　　　　　　　　　　　　填表人：×××

<h3 align="center">工程项目施工管理人员名单　　　　　　　表 3-2</h3>

工程名称	××综合楼工程		施工单位	××建设集团有限公司	
技术部门负责人	××	执业证号	××	联系电话	××
质量部门负责人	××	执业证号	××	联系电话	××
项目经理	××	执业证号	××	联系电话	××
项目技术负责人	××	执业证号	××	联系电话	××
专职质检员	××	执业证号	××	联系电话	××
上述人员是我单位为××综合楼工程配备的项目施工管理人员，请建设（监理）单位审核。					
企业技术负责人：××					
企业法人代表：××				××年××月××日	
审核意见： 　　经审核，该工程项目施工管理人员资格岗位证书齐全、真实、有效，符合要求，同意。					
建设单位项目负责人（总监理工程师）：××				（公章） ××年××月××日	

施工现场质量管理检查记录　　　　　　　　　　表 3-3

工程名称		××工程		施工许可证（开工证）	×××
建设单位		××集团开发有限公司		项目负责人	×××
设计单位		××建筑设计院		项目负责人	×××
监理单位		××建设监理有限公司		总监理工程师	×××
施工单位	××建设工程有限公司	项目经理	×××	项目技术负责人	×××

序号	项目	内容
1	现场质量管理制度	质量例会制度；月评比及奖罚制度；三检及交接检制度；质量与经济挂钩制度
2	质量责任制	岗位责任制度；设计交底会制度；技术交底制度；挂牌制度
3	主要专业工种操作上岗证书	测量工、钢筋工、木工、混凝土工、电工、焊工、起重工、架子工等主要专业工种操作上岗证书齐全，符合要求
4	分包方资质与对分包单位的管理制度	对分包方资质审查，满足施工要求，总包对分包单位制定管理制度可行
5	施工图审查情况	施工图经设计交底，施工方已确认
6	地质勘查资料	勘察设计院提供地质勘查报告齐全
7	施工组织设计、施工方案及审批	施工组织设计、主要施工方案编制、审批齐全
8	施工技术标准	企业自定标准 6 项，其余采用国家、行业标准
9	工程质量检验制度	有原材料及施工检验制度；抽测项目的检测计划，分项工程质量三检制度
10	搅拌站及计量设置	有管理制度和计量设施，经计量检校准确
11	现场材料、设备存放与管理	按材料、设备性能要求制定了管理措施、制度，其存放按施工组织设计平面图布置

检测结论：通过上述项目的检查，项目部施工现场质量管理制度明确到位，质量责任制措施得力，主要专业工种操作上岗证书齐全，施工组织设计、主要施工方案逐级审批，现场工程质量检验制度制定齐全，现场材料、设备存放按施工组织设计平面图布置，有材料、设备管理制度。

总监理工程师：×××
（建设单位项目负责人）　　　　　　　　　　　　　　　　　　　×年×月×日

施工组织设计、施工方案审批表   表 3-4

工程名称	××工程	日期	×年×月×日

现报上下表中的技术管理文件，请予以审批。

类型	编制人	册数	页数×
施工组织设计	×××	1	
施工方案			

内容附后

申报简述：

　　本工程位于××市××区××路，建筑面积近 15 万 m^2，以金融办公服务和自用办公系统为其主要功能。该施工组织设计主要内容：编制依据；工程概况（工程基本情况、合同范围性质、建筑、结构、专业设计概况、工程的难点与特点等）；施工部署（项目组织机构、施工部署原则、施工总进度计划安排、主要经济技术指标（合同工期、质量目标、安全目标、环境目标、指标、场容目标等））；施工准备（技术准备、生产准备）；主要施工方案和施工方法（各阶段施工流水段的划分、主要结构、装修、机电施工方法）；管理体系和主要施工管理措施（技术管理措施、质量保证措施、冬、雨期施工措施、工期保证措施、安全文明施工措施、消防保卫措施、环境保护措施、成品保护措施、降低成本措施）等。

申报部门（分包单位）：××建设工程有限公司　　　　　　　　　　　　申报人：×××

审核意见：

　　该施工组织设计对施工中的重点、难点分析透彻，主要施工方案和施工方法编制详细，有针对性、可行性、合理性和先进性。同意此施工组织设计的编制，报项目监理部审核。

☑有　　　□无　　　附页

总承包单位名称：××建设工程有限公司　　审核：×××　　审核日期：×年×月×日

审批意见：

　　经审查，该施工组织设计技术上可行，进度、质量、安全、环境目标能够实现，符合有关规范、标准和图纸及合同要求。

审批结论：　☑同意　　□修改后报　　□重新编制

审批部门（单位）：××建设监理有限公司　　审批人：×××　　　日期：×年×月×日

注：附施工组织设计、施工方案。

技术交底记录　　　　　　　　　　　　　　　　　　　表 3-5

工程名称	××工程	施工单位	××工程有限公司
交底部位	地下一层设备间	工序名称	给水设备安装

交底提要：
室内给水设备安装

交底内容：
一、施工准备
（一）技术准备
1. 已做好图纸会审及设计方案。
2. 根据图纸会审、设计交底，编制施工方案，进行技术、环境、安全交底。
3. 根据工程进度要求，及时绘制加工图，提出加工计划。
4. 已校核管理、预埋件的规格、数量、坐标、标高准确无误。
（二）材料、设备要求
1. 设备
（1）泵的型号、规格应符合设计要求，应有出厂合格证和厂家提供的技术手册、检验报告。配件齐全，无缺损等。
（2）水箱的规格、材质、外形尺寸、各接口等应符合要求。水箱应有卫生检测报告、试验记录、合格证。
（3）稳压罐的型号、规格应符合设计要求，有厂家合格证、技术手册和产品检测报告。
2. 辅材
型钢、圆钢、保温材料、垫铁、过滤网、管材、阀门等。
（三）主要机具
1. 机具：切割机、套丝机、电气焊等。
2. 工具：倒链、滑轮、扳手、绳索、水平尺、钢卷尺、线坠、塞尺。
（四）作业条件
1. 施工现场的环境，除机房内部的装修和地面未完成外，作业面具备安装条件。
2. 设备基础的尺寸、坐标、标高符合设计图纸。
3. 作业照明条件符合安装要求。
4. 机房内的安装标高基准线已测放完毕。
二、施工工艺
（一）工艺流程

设备开箱验收 ⟶ 设备基础验收 ⟶ 设备安装 ⟶ 设备试验及试运转

（二）操作工艺
1. 设备开箱验收
（1）设备进场后应会同建设、监理单位共同进行设备开箱，按照设计文件检查设备规格、型号是否符合要求，技术文件是否齐全，并做好相关记录。
……

技术负责人	×××	交底人	×××	接受交底人	×××

注：本记录一式两份，一份交接受交底人，一份存档。

开工报告　　　　　　　　　　　　　表 3-6

工程名称	××工程	工程地点	××市××区××路				
施工单位	××建设集团有限公司	监理单位	××建设监理公司				
建筑面积	25347.5m²	结构层次	全现浇剪力墙地下2层地上20层	中标价格	××万元	承包方式	总价固定
定额工期	××天	计划开工日期	×年×月×日	计划竣工日期	×年×月×日	合同编号	××

说明	施工准备已完成： 1. 施工图设计会审交底 2. 施工组织设计审批 3. 施工管理人员配置到位 4. 工程材料进场，满足施工进度需要 5. 施工机械和周转材料，进场满足工程进度需要 6. 三通一平及临时设施基本就绪

　　上述准备工作已就绪，定于×年×月×日正式开工，希望建设（监理）单位于×年×月×日前进行审核，特此报告。

施工单位：××建设集团有限公司
项目经理：×××　　　　　　　　　　　　　　　　　　　×年×月×日

审核意见：
　　经查验，所报资料齐全、有效，符合开工条件，同意开工。

总监理工程师（建设单位项目负责人）：×××　　　　　　　　　×年×月×日

竣工报告　　　　　　　　　　　　表 3-7

工程名称	××工程	结构类型	全现浇剪力墙
工程地址	××市××区××路	建筑面积	25567.5m²
建设单位	××集团开发有限公司	开工日期	×年×月×日
设计单位	××建筑设计院	完工日期	×年×月×日
监理单位	××建设监理公司	合同日期	×年×月×日
施工单位	××建设集团有限公司	工程造价	××万元

竣工条件具备情况	项目内容	施工单位自检情况
	完成工程设计和合同约定的情况	已完成工程设计文件和合同约定的全部内容
	技术档案盒施工管理资料	档案及有关资料齐全、有效，检查合格
	主要建筑材料、建筑构配件和设备的进场试验报告（含监督抽检）资料	进场试验报告（含监督抽检）资料齐全、合格，符合设计要求和有关质量验收规范规定
	工程款支付情况	符合合同约定
	工程质量保修书	已签署工程质量保修书
	监督站责令整改问题的执行情况	已整改完毕，无质量隐患，各种使用功能均能满足要求

　　已完成设计和合同约定的各项内容，工程质量符合有关法律、法规和工程建设强制性标准，特申请办理工程竣工验收手续。

项目经理：×××

企业技术负责人：×××

法定代表人：×××

（施工单位公章）
×年×月×日

【实训】

依据某一实际工程背景，填写施工技术管理资料。

【课后讨论】

1.《施工现场质量管理检查记录》应于开工前几日报审？

2. 在施工过程中，应如何进行技术交底？

3.2　工程质量控制资料（土建部分）填写范例

关键概念

工程洽商；隐蔽工程；地基验槽。

工程质量控制资料（土建部分）主要包括：

（1）图纸会审、设计变更、洽商记录汇总表，填写格式详见表 3-8；设计交底记录填写格式详见表 3-9。

（2）工程定位测量、放线验收记录，填写格式详见表 3-10。

（3）原材料出厂合格证书及进场检（试）验报告，填写格式详见表 3-11、表 3-12。

（4）施工试验报告及见证检测报告，填写格式详见表 3-13～表 3-15。

（5）隐蔽工程验收记录，填写格式详见表 3-16～表 3-19。

（6）施工记录，填写格式详见表 3-20。

（7）预制构件、预拌混凝土合格证。

（8）地基基础、主体、结构检验及抽样检测资料，填写格式详见表 3-21、表 3-22。

（9）工程质量事故及事故调查处理资料。

（10）新材料、新工艺施工记录。

图纸会审、设计变更、洽商记录汇总表　　　　　　表 3-8

工程名称	××工程		日期	2009 年×月×日
序号	内容	变更洽商日期	备注	
1	建筑 4：地下室人防门顺时针开启方向为"正"	×年×月×日		
2	支护位移距离上限更改	×年×月×日		
3	地下室底板及基础垫层强度等级更改	×年×月×日		
4	工程桩抽检方式	×年×月×日		
5	二层结构平面布置修改图	×年×月×日		
6	二层梁平面修改图	×年×月×日		
7	地下室墙裙为灰色内烯酸涂料面层	×年×月×日		
8	结施 28 中说明：1 修改（加柱）	×年×月×日		
9	送风口更改	×年×月×日		
10	装修图中一层电视分端室修改	×年×月×日		
11	主楼 4～21 剪力墙柱网局部定位尺寸修改	×年×月×日		

注：图纸会审、设计变更、洽商记录附后。

设计交底记录

表 3-9

编号：××

共×页　第 1 页

工程名称	××工程		日期	×年×月×日	
时间	8：30～10：30		地点	项目部会议室	
序号	提出的图纸问题		图纸修订意见		设计负责人
1	结施 1　地梁 DL1、DL3 标高标注有误		应为－0.30m		
2	结施 3　KZ 无配筋图		配筋及断面尺寸同 KZ1，纵向钢筋 8φ18，箍筋同 KZ1		
3	结施 4　一层车库 2.9m 结构层无挑檐配筋		挑檐配筋为 φ12@200，分布钢筋为 φ6@300		×××
4	结施 18　坡屋面老虎窗部位在斜板上开洞较大，结构措施不合理		在洞口边设梁。配筋详见附图		
各单位技术负责人签字	建设单位	×××	（建设单位负责人）		
	设计单位	×××			
	监理单位	×××			
	施工单位	×××			

工程定位测量、放线检查

表 3-10

建设单位	××集团开发有限公司	设计单位	××建筑设计院		
工程名称	××工程	图纸依据	总平面、首层建筑平面、基础平面，市测绘院××普测××号，××市测绘××号工程质量成果资料		
引进水准点位置	BM₁　BM₂　BM₃	水准高程	53.000m	单位工程±0.000	52.5000m

工程位置草图：　　　　　　　　　　　　　　　　　　　　　　　　尺寸单位：mm

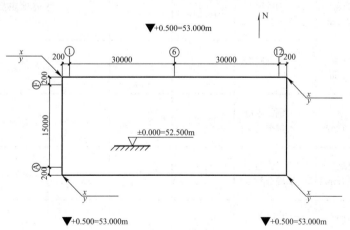

复测结果

①/⑤：①～⑫边　＋3mm；⑥～④边　＋1mm，角＋5″

⑫/⑤：①～⑫边　＋2mm；⑥～④边　0mm，角＋8″

引测施工现场的施工标高＋0.500m＝53.000m，三个误差在 2mm 以内。

续表

施工单位	放线人：×× 复核人：×× 技术负责人：×× ××年×月×日	监理(建设)单位	监理工程师：×× (建设单位项目负责人) ××年×月×日
设计单位	项目负责人：××		××年×月×日

钢材合格证和复试报告汇总表   表 3-11

序号	钢材品种、级别	生产厂家	进场数量	合格证编号	复试报告编号	主要使用部位及有关说明
1	热轧带肋 HRB335 12mm	××钢铁股份有限公司	45.639t	×××	×-××	基础底板、梁、地下一层墙柱、首层墙柱
2	热轧带肋 HRB335 16mm	××钢铁股份有限公司	7.03t	×××	×-××	基础底板、梁、地下一层墙柱、首层墙柱
3	热轧圆盘条 Q235B 8mm	××钢铁股份有限公司	17.05t	×××	×-××	基础底板、梁、地下一层墙柱、首层墙柱
4	热轧圆盘条 Q235B 10mm	××钢铁股份有限公司	14.31t	×××	×-××	基础底板、梁、地下一层墙柱、首层墙柱
5	热轧圆盘条 Q235B 8mm	××钢铁股份有限公司	15.27t	×××	×-××	首层墙、柱、顶板
6	热轧带肋 HRB335 12mm	××钢铁股份有限公司	45.30t	×××	×-××	二层墙、柱、顶板、梁
7	热轧带肋 HRB335 16mm	××钢铁股份有限公司	9.48t	×××	×-××	二层墙、柱、顶板、梁
8	热轧带肋 HRB335 20mm	××钢铁股份有限公司	32.96t	×××	×-××	首层至六层梁
9	热轧带肋 HRB335 22mm	××钢铁股份有限公司	39.42t	×××	×-××	首层至六层梁

技术负责人：×××   质量检查员：×××

水泥试验报告

表 3-12

工程名称	××工程 三层墙体砌筑		试验编号			××	
委托单位	××建筑工程公司		试验委托人			××	
品种及强度等级	P·S32.5	出厂编号及日期	××年×月×日		厂别排号	××	
代表质量（t）	200	来样日期	××年×月×日		试验日期	××年×月×日	

<table>
<tr><td rowspan="30">试验结果</td><td colspan="2" rowspan="2">一、细度</td><td colspan="3">1.8μm方孔筛余量</td><td colspan="2">/%</td></tr>
<tr><td colspan="3">2.比表面积</td><td colspan="2">/m³/kg</td></tr>
<tr><td colspan="2">二、标准稠度用水量（P）</td><td colspan="5">25.4%</td></tr>
<tr><td colspan="2">三、凝结时间</td><td>初凝</td><td>03h 30min</td><td>终凝</td><td colspan="2">05h 25min</td></tr>
<tr><td colspan="2">四、安定性</td><td>雷氏法</td><td>/mm</td><td>饼法</td><td colspan="2">/</td></tr>
<tr><td colspan="2">五、其他</td><td>/</td><td>/</td><td>/</td><td colspan="2">/</td></tr>
<tr><td colspan="7">六、强度/MPa</td></tr>
<tr><td colspan="3">抗折强度</td><td colspan="4">抗压强度</td></tr>
<tr><td colspan="1">3d</td><td colspan="2">28d</td><td colspan="2">3d</td><td colspan="2">28d</td></tr>
<tr><td>单块值</td><td>平均值</td><td>单块值</td><td>平均值</td><td>单块值</td><td>平均值</td><td>单块值</td><td>平均值</td></tr>
<tr><td rowspan="2">4.5</td><td rowspan="6">4.4</td><td rowspan="2">8.7</td><td rowspan="6">8.7</td><td>23.0</td><td rowspan="6">23.5</td><td>52.5</td><td rowspan="6">53.1</td></tr>
<tr><td>23.8</td><td>53.2</td></tr>
<tr><td rowspan="2">4.3</td><td rowspan="2">8.8</td><td>23.2</td><td>52.7</td></tr>
<tr><td>24.1</td><td>53.8</td></tr>
<tr><td rowspan="2">4.3</td><td rowspan="2">8.7</td><td>23.8</td><td>53.2</td></tr>
<tr><td>22.9</td><td>53.1</td></tr>
</table>

结论：							
批准	××		审核	××	试验	××	
试验单位	××建筑工程公司试验室						
报告日期	××年×月×日						

注：本表由试验单位提供，建设单位、施工单位、城建档案馆各保存一份。

混凝土强度评定　　　　　　　　　表 3-13

单位工程名称：××工程

验收批名称	基础混凝土						混凝土强度等级	C30		
水泥品种及强度等级	配合比（重量比）						坍落度（cm）	养护条件	同批混凝土代表数量（m³）	结构部位
	水	水泥	砂	石子	外加剂	掺和料				
P·O	178	301	783	1039	12.8	96.0	16～18	标准养护	××	1～6层框架柱

试件组数 $n=6$　　　　　合格判定系数 $\begin{matrix}\lambda_1=\\\lambda_2=\end{matrix}$

同一验收批强度平均值　$m_{fcu}=45.7MPa$　　最小值 $f_{cu,min}=37.4MPa$

同一验收批强度标准差　$S_{fcu}=30MPa$

验收批各组试件强度（MPa）

52.4、40.5、37.4、55.3、37.8、50.7

非统计方法评定	评定条件： $m_{fcu}\geqslant1.15f_{cu,k}$ $f_{cu,min}\geqslant0.95f_{cu,k}$ 计算： $m_{fcu}=45.7>1.15f_{cu,k}=34.5$ $f_{cu,min}=37.4>0.95f_{cu,k}=28.5$	统计方法评定	评定条件： $m_{fcu}-\lambda_1S_{fcu}\geqslant0.9f_{cu,k}$ $f_{cu,min}\geqslant\lambda_2f_{cu,k}$ 计算：

验收评定结论：　符合《混凝土强度检验评定标准》GB/T 50107 要求，合格

技术负责人：×××　　　　质量检查员：×××　　　　×年×月×日

结构实体混凝土强度评定

表 3-14

单位工程名称：××工程

验收批名称	主体结构 1～6 层						混凝土强度等级		C40	
水泥品种及强度等级	配合比（重量比）						坍落度（cm）	养护条件	同批混凝土代表数量（m^3）	结构部位
	水	水泥	砂	石子	外加剂	掺和料				
P·O42.5	178	301	783	1039	12.8	96.0	17	同条件	××	1～6 层剪力墙柱

试件组数 $n=6$　　　　合格判定系数 $\begin{matrix} \lambda_1= \\ \lambda_2= \end{matrix}$
同一验收批强度平均值　$m_{fcu}=51.9\text{MPa}$　　最小值 $f_{cu,min}=46.2\text{MPa}$
同一验收批强度标准差　$S_{fcu}=$ MPa
验收批各组试件强度（MPa）
58.1、49.3、54.0、50.2、46.2、53.6

非统计方法评定	评定条件： 　　　$m_{fcu}\geqslant1.15f_{cu,k}$ 　　　$f_{cu,min}\geqslant0.95f_{cu,k}$ 计算： 　　$m_{fcu}=51.9>1.15f_{cu,k}=46.0$ 　　$f_{cu,min}=46.2>0.95f_{cu,k}=38.0$	统计方法评定	评定条件： 　　　$m_{fcu}-\lambda_1S_{fcu}\geqslant0.90f_{cu,k}$ 　　　$f_{cu,min}\geqslant\lambda_2f_{cu,k}$ 计算：
验收评定结论：	符合《混凝土强度检验评定标准》GB/T 50107 要求，合格		

技术负责人：×××　　　　质量检查员：×××　　　　　　×年×月×日

注：同条件养护试件强度按 GB/T 50107 的规定确定后，宜取 1.10 的折算系数。

土壤试验记录汇总表　　　　　　　　　　表 3-15

序号	土的类别	厚度	取土部位	试验日期	试验报告编号	设计要求及有关说明
1	2：8 灰土	20cm	基槽①～⑫/Ⓐ～Ⓖ轴	2017 年 3 月 9 日	2017—00966	≥1.50g/cm³
2	2：8 灰土	20cm	基槽①～㉓/Ⓐ～Ⓖ轴	2017 年 3 月 15 日	2017—00991	≥1.50g/cm³
3	亚黏土	20cm	房心	2017 年 3 月 23 日	2017—01137	≥1.50g/cm³
4	亚黏土	20cm	房心	2017 年 3 月 24 日	2017—01142	≥1.50g/cm³

隐蔽工程验收记录　　　　　　　　　　表 3-16

编号：×××

工程名称	×××工程		
隐检项目	钢筋绑扎	隐检日期	××年×月×日
隐检部位	地下二层×××轴线-2.95～0.10 标高		

隐检依据：施工图图号＿＿＿＿＿结施-3＿＿＿，结施-4，结施-11，结施-12＿＿＿，设计变更/洽商（编号＿＿＿＿＿
×××＿＿＿＿＿＿＿＿＿＿＿＿）及有关国家现行标准等。

主要材料名称及规格、型号：钢筋，绑扎丝　　φ12，φ14

隐检内容：
1. 墙厚 300mm，钢筋双向双层，水平筋 φ12@200，在内侧，竖向筋 φ14@150，在外侧。
2. 墙体的钢筋搭接绑扎，搭接长度 42d（φ12：405mm/φ14：588mm）接头纵横错开 50％，接头净距 50mm。
3. 墙体筋定位筋采用 φ12 竖向梯子筋，每跨 3 道，上口设水平梯子筋与主筋绑牢。
4. 竖向筋起步距柱 50mm，水平起步距梁 50mm，间距排距均匀。
5. 绑扎丝为双铅丝，每个相交点八字扣绑扎，丝头朝向混凝土内部。
6. 墙外侧保护层 35mm，内侧 20mm，采用塑料垫块间距 600mm 梅花形布置。
7. 钢筋均无锈污染已清理干净，如钢筋原材做复试，另附钢筋原材复试报告。试验编号（×××）。
隐检内容已做完，请予以检查。

　　　　　　　　　　　　　　　　　　　　　　　　　　　　　申报人：×××

检查验收意见：
经检查：
1. 地下二层×××轴线墙钢筋品种、级别、规格、配筋数量、位置、间距符合设计要求。
2. 钢筋绑扎安装质量牢固，无漏扣现象，观感符合要求，搭接长度 42d。
3. 墙体定位梯子筋各部位尺寸间距正确，与主筋绑扎。
4. 保护层厚度符合要求，采用塑料垫块绑扎牢固，间距 600mm，梅化形布置。
5. 钢筋无锈蚀无污染，进场复试合格，符合《混凝土结构工程施工质量验收规范》GB 50204—2015 规定。
检查结论：☑同意隐蔽　　　　　　　　　　□不同意，修改后复查

复查结论
复查人：　　　　　　　　　　复查日期：

签字栏	建设（监理）单位	施工单位 ×××建筑工程公司		
		专业技术负责人	专业质检员	专业工长
	×××	×××	×××	×××

抹灰隐蔽工程验收记录   表 3-17

工程名称	××工程	项目经理	××
分项工程名称	一般抹灰	专业工长	××
隐蔽工程项目	水泥砂浆抹灰	施工单位	××建设工程有限公司
施工标准名称及代号	《建筑装饰装修工程质量验收规范》GB 50210—2001	施工图名称及编号	结施××
隐蔽工程部位 东立面五层外墙水泥砂浆抹灰	质量要求	施工单位自查记录	监理（建设）单位验收记录
	抹灰厚度	抹灰工程分层进行，抹灰总厚度 20mm，梁柱与空心砖砌体交接处表面的抹灰，用密目钢丝网加强以防止开裂，钢丝网各基体的搭接宽度为 150mm	符合要求
	不同材料基体交接处的加强措施	在 8 轴与 AB 轴南面墙面抹灰为 40mm，中间加一道钢丝网加强	符合要求
施工单位自查结论	经检查，符合设计要求和《建筑装饰装修工程质量验收规范》GB 50210—2001 的规定。 施工单位项目技术负责人：××× 2017 年×月×日		
监理（建设）单位验收结论	同意隐蔽。 总监理工程师 (建设单位项目负责人)：××× 2017 年×月×日		

门窗隐蔽工程验收记录 表 3-18

工程名称	××工程	项目经理	××
分项工程名称	金属门窗安装	专业工长	××
隐蔽工程项目	铝合金窗	施工单位	××建设工程有限公司
施工标准名称及代号	《建筑装饰装修工程质量验收规范》GB 50210—2001	施工图名称及编号	结施××
隐蔽工程部位 十二层铝合金窗	质量要求	施工单位自查记录	监理（建设）单位验收记录
	预埋件和锚固件的埋设	预埋混凝土块上下分别离楼地面、门洞顶 200mm 开始，中间每隔 600mm 埋设一块	符合要求
	填嵌处理	门窗与墙体间缝隙的填嵌材料为水泥砂浆	符合要求
	固定玻璃的钢丝卡的数量	固定玻璃的橡胶垫的设置符合有关标准的规定	符合要求
施工单位自查结论	经检查，符合设计要求和《建筑装饰装修工程质量验收规范》GB 50210—2001 的规定。 施工单位项目技术负责人：×××　　　　　　　　　2017 年×月×日		
监理（建设）单位验收结论	同意隐蔽。 总监理工程师 (建设单位项目负责人)：×××　　　　　　　　　2017 年×月×日		

吊顶隐蔽工程验收记录　　　　　　　　　　表 3-19

工程名称	××工程	项目经理	××
分项工程名称	明龙骨吊顶	专业工长	××
隐蔽工程项目	轻钢龙骨吊顶	施工单位	××建设工程有限公司
施工标准名称及代号	《建筑装饰装修工程质量验收规范》GB 50210—2001	施工图名称及编号	结施××
隐蔽工程部位 一层走廊轻钢龙骨吊顶	质量要求	施工单位自查记录	监理（建设）单位验收记录
	房间净高	安装龙骨前已对房间净高进行交接检验，结果符合设计要求，吊顶内的管道、设备及其支架安装符合设计标高要求	符合要求
	预埋件和拉结筋的设置	预埋件和拉结筋的设置符合设计要求，预埋件、型钢吊杆已用防锈漆防锈处理	符合要求
	龙骨及吊（杆）的安装	吊杆、龙骨的安装牢固，吊杆距主龙骨端部距离 250mm	符合要求
施工单位自查结论	经检查，符合设计要求和《建筑装饰装修工程质量验收规范》GB 50210—2001 的规定。 施工单位项目技术负责人：×××　　　　　　　　　　2017 年×月×日		
监理（建设）单位验收结论	同意隐蔽。 总监理工程师 (建设单位项目负责人)：×××　　　　　　　　　2017 年×月×日		

施工日志 表 3-20

日期： 年 月 日 星期

	天气情况	风力	最高/最低温度	备注
白天	晴	2～3级	24/19℃	
夜间	晴	2～3级	17/8℃	

生产情况记录：(部位项目、机械作业、班组工作、生产存在问题等)

地下二层

1. Ⅰ段（①～⑫/Ⓐ～Ⓙ轴）顶板钢筋绑扎，专业工种进行水电预埋工作，××型号塔吊作业，钢筋班组15人。

2. Ⅱ段（⑫～⑲/Ⓐ～Ⓙ轴）梁开始钢筋绑扎，钢筋班组12人。

3. Ⅲ段（⑲～㉘/Ⓑ～Ⓕ轴）因设计单位提出对该部位施工图纸进行修改，待设计变更通知单下发后，再组织有关人员施工。

4. 发现问题：Ⅰ段（①～⑫/Ⓐ～Ⓙ轴）顶板钢筋绑扎时，钢筋保护层厚度、搭接长度不够，存在绑扎随意现象。

技术质量安全工作记录：(技术质量安全活动，技术质量安全问题、检查评定验收等)

1. 建设、设计、监理、施工单位在现场召开技术质量安全工作会议。

参加人员：

建设单位：×××

设计单位：×××

监理单位：×××

施工单位：×××

会议决定：

(1) ±0.000以下结构于与××月××日前完成。

(2) 地下三层回填土××月××日前完成，地下二层回填土××月××日前完成。

(3) 对施工中发现问题，应立即返修并整改复查，必须符合设计、规范要求。

2. 安全生产方面：有安全员带领3人巡视检查，重点是"三宝、四口、五临边"，检查全面到位，无安全问题及隐患。

3. 检查评定验收：对Ⅱ段梁、Ⅳ段剪力墙、柱子予以验收，工程主控项目、一般项目均符合施工质量验收规范要求，验收合格。

参加验收人员：

监理单位：×××（职务）等

施工单位：×××（职务）等

材料、构配件进场记录：

今天购进××牌P·O42.5水泥150t，由现场监理人员按照相关标准规范规定进行了见证取样，并立即送到试验室进行试验。

工程负责人	×××	记录人	×××

地基验槽记录和地基处理记录　　　　　表 3-21

工程名称	××工程		
基底标高	−8.70m	验收日期	年 月 日
基底土层分布情况及走向	见地质勘察报告（编号：××）		
基底土质及地下水情况	1. 地基处理按设计要求采用 3：7 灰土，厚度 600mm，施工前委托××检测中心做击实试验，确定最大干密度和最佳含水量，白灰与亚黏土过筛清除杂物，配比准确，采用蛙式打夯机夯实，虚铺厚度每层不超过 250mm，分三层铺设夯实，每层夯实 4～6 遍。 2. 每层夯实完成后，做土壤干密度试验，结果压实系数均大于 0.96，符合设计要求。		
验收意见	经检查，地基处理结果符合勘查和设计单位要求，无异常，可进行下道工序。		
施工单位	项目专业质量检查员： 项目技术负责人： 项目经理： 年 月 日	监理（建设）单位	监理工程师： （建设单位项目负责人） 年 月 日	勘察设计单位	勘察单位项目负责人： 设计单位项目负责人： 年 月 日

钢筋保护层厚度实测表　　　　　　　　　表 3-22

工程名称	××工程		结构形式	框架	建筑面积（m²）		8632	形象进度		三层
施工单位	××建设工程有限公司		监理（建设）单位		××建设监理有限公司					
检测方法	（√）非破损法（）局部破损法		检测时间			年　月　日				
层次	构件名称	轴线或部位	实测值							
一层	KL-3	××轴下排钢筋	33	36	28	35				
一层	KL-10	××轴上排钢筋	25	27	25	26				
二层	KL-13	××轴下排钢筋	27	28	32	29				
二层	KL-9	××轴下排钢筋	30	24	31	33				
三层	KL-20	××轴下排钢筋	35	38	33	36				
三层	KL-5	××轴下排钢筋	25	28	26	28				
一层	顶板	××轴板跨中底排筋	20	22	18	16	19	16		
一层	顶板	××轴板支座负筋	23	28	25	△29	17	16		
二层	顶板	××轴板跨中底排筋	20	18	19	16	21	15		
二层	顶板	××轴板支座负筋	27	22	26	20	25	25		
三层	顶板	××轴板跨中底排筋	18	16	18	18	18	18		
三层	顶板	××轴板支座负筋	27	25	23	22	26	21		

实测梁 6 个构件，共 24 点，合格 24 点，最大偏差值＋8； 实测板 6 个构件，共 36 点，合格 35 点，最大偏差值＋9； 共测 12 个构件，60 点，合格 59 点，合格率 98％。 结论： 经试验室现场检查，符合设计要求及《混凝土结构工程施工质量验收规范》GB 50204—2015 规定，验收合格。	抽测人：××× 复核人：××× 　　　　年　月　日
监理单位项目总监（签字）：×××	施工单位项目技术负责人（签字）：×××

【实训】

依据某一实际工程背景，填写工程质量控制资料（土建部分）。

【课后讨论】

1. 如何评定结构实体的混凝土强度？

2. 因特殊天气停工时，是否需要填写施工日志？

3. 地基验槽的内容有哪些？

3.3　工程安全和功能检测资料（土建部分）填写范例

关键概念

蓄水试验；建筑物全高；外窗三性。

工程安全和功能检测资料（土建部分）主要包括：

(1) 屋面淋水、蓄水试验记录：填写格式详见表 3-23。

(2) 地下室防水效果检查记录：填写格式详见表 3-24。

(3) 有防水要求的地面蓄水试验记录。

(4) 建筑物垂直度、标高、全高测量记录：填写格式详见表 3-25。

(5) 幕墙及外窗气密性、水密性、耐风压检测报告。

(6) 烟气（风）道工程检查验收记录：填写格式详见表 3-26。

(7) 建筑物沉降观测记录：填写格式详见表 3-27。

(8) 节能、保温检测报告。

(9) 室内环境检测报告。

屋面淋水、蓄水试验记录　　　　　　　　　　　　　　　表 3-23

试水方式	蓄水试验		图号	建施××	
工程检查验收部位及情况	试验部位：十六层屋面①～⑫/⑭～⑲轴 　　屋面蓄水试验在卷材防水层施工完成并验收合格后进行，排水坡度 2%，将水落口用球塞堵严密，且不影响试水，蓄水深度 50mm，蓄水时间 24h。				
试验结果	经 24h，蓄水部位未发现漏水，蓄水排水后卷材防水层无积水，排水坡向正确，排水畅通，符合设计及规范要求，实验结果合格。				
施工单位	专职质检员：××× 试验员：××× 　　　　　　　　　　　　×年×月×日		监理（建设）单位	监理工程师：××× （建设单位项目技术负责人） 　　　　　　　　　　　×年×月×日	

地下室防水效果检查记录 表 3-24

验收部位	地下一层	图号	建施××	验收日期	×年×月×日

工程检查情况	检查人员用干手触摸混凝土墙面及用墨纸（报纸）贴附背水墙面检查①～⑥轴墙体的湿渍面积，观察是否有裂缝和渗水现象。 附件：背水内表面的结构工程展开图
验收结果	经检查，地下一层①～⑥轴背水内表面的混凝土墙面无积渍及渗水现象，观感质量合格，符合设计要求和《地下防水工程质量验收规范》GB 50208—2011 规定
施工单位	专职质检员：××× 试验员：××× ×年×月×日	监理（建设）单位	监理工程师：××× （建设单位项目技术负责人） ×年×月×日

建筑物垂直度、标高、全高测量记录　　　　　　　表 3-25

工程名称	××工程		结构形式			框架剪力墙	
测量仪器	激光垂准仪 DZJ3 精密水准仪 DS1		测量人			××	
测量日期	层次与设计标高（m）	位置	标高（m）	全高	位置	垂直度	
年　月　日	六层 19.300	①/Ⓐ	19.301	+5	1/A	偏南 4 偏西 3	
年　月　日	八层 28.650	①/Ⓕ	19.301	+3	1/F	偏北 3 偏西 2	
年　月　日	八层 28.650	⑭/Ⓐ	19.301	+5	14/A	偏东 3 偏南 2	
年　月　日	八层 28.650	⑭/Ⓕ	19.300	+2	14/F	偏北 4 偏东 2	

监理工程师（建设单位项目技术负责人）：×××　　　　　　　　　　技术负责人：×××

烟气（风）道工程检查验收记录 表 3-26

工程名称	××工程	结构形式	框架剪力墙 12 层	建筑面积							9235m²			
施工单位	××建设工程有限公司	项目经理	××	项目技术负责人							××			
烟道生产安装单位	××公司	烟道企业负责人	××	工地项目经理							××			

序号	检测项目		允许偏差或标准值	实测值										评定结果
1	外观质量		光滑平直，不得有凸凹不平、麻面、裂缝、拐角倒圆	符合要求										合格
2	尺寸允许偏差	端部平面	方正	符合要求										合格
		截面对角线	≤3mm	2	1	0	3	2	1	2	1	2	2	合格
		壁厚	≤±2mm	−1	−1	0	+2	+1	−2	+2	+1	−2	−1	合格
		侧向弯曲	≤4mm	3	2	1	3	2	1	2	4	2	2	合格
		长度	≤4mm	2	1	1	3	0	1	2	1	3	2	合格
3	强度	轴压承载力 P	≥20	25										合格
		抗弯承载力 P_f	4	4.5										合格
		壁厚冲击力 F_f	≥0.4	0.6										合格
4	耐火极限		1.0h	1.2h										合格

检查结论：
所检验项目均符合规范及设计要求。

验收意见：
合格

项目专业质量检查员：×××

×年×月×日

监理工程师：×××

（建设单位项目技术负责人）

×年×月×日

建筑物沉降观测记录

表 3-27

工程名称：××综合楼工程

结构形式：框架剪力墙　　　层次：地上 18 层，地下 2 层　　仪器：精密水准仪 DS1

水准点号数及高程 $BM_0 + 4.150$

测点	日期	年月日		年月日			年月日			年月日		
	初次高程(m)	高程(m)	本次下沉(mm)	高程(m)	本次下沉(mm)	累计下沉(mm)	高程(m)	本次下沉(mm)	累计下沉(mm)	高程(m)	本次下沉(mm)	累计下沉(mm)
1	2.134	2.132	2	2.130	2	4	2.129	1	5	2.127	2	7
2	2.139	2.136	3	2.132	4	7	2.130	2	9	2.128	2	11
3	2.116	2.114	2	2.110	4	6	2.108	2	8	2.107	1	9
4	2.141	2.137	4	2.133	4	8	2.130	3	11	2.129	1	12
5	2.121	2.118	3	2.115	3	6	2.113	2	8	2.111	2	10
形象进度	正常	正常		正常			正常			正常		
测量人	××	××		××			××			××		

沉降观测点布置图	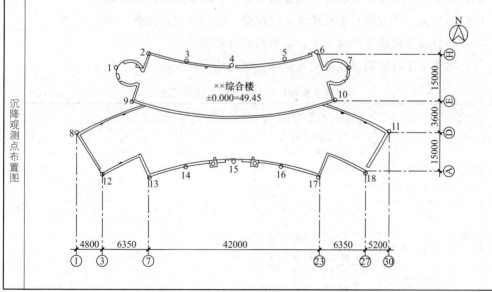

观测单位：　　　　　　　　　　　　　　　　　　　　技术负责人：

【实训】

依据某一实际工程背景，填写工程安全和功能检测资料（土建部分）。

【课后讨论】

1. 蓄水试验的要求有哪些？

2. 建筑物沉降观测点如何设置？观测时间如何确定？

3.4 工程质量验收记录填写范例

关键概念

质量竣工验收记录；质量控制核查记录；安全和功能检验资料检查及主要功能抽查记录。

工程质量验收记录包括：

(1) 单位（子单位）工程质量竣工验收记录：填写格式详见表 3-28。

(2) 单位（子单位）工程质量控制核查记录：填写格式详见表 3-29。

(3) 单位（子单位）工程安全和功能检验资料检查及主要功能抽查记录：填写格式详见表 3-30。

(4) 单位（子单位）工程观感质量验收记录：填写格式详见表 3-31。

(5) 各分部（子分部）工程质量验收记录：填写格式详见表 3-32。

(6) 各分项工程质量验收记录：填写格式详见表 3-33。

(7) 各分项工程检验批质量验收记录：填写格式详见表 3-34。

单位（子单位）工程质量竣工验收记录 表 3-28

工程名称	××工程	结构类型	框架剪力墙结构	层数/建筑面积	20 /26168m²
施工单位	××建设集团有限公司	技术负责人	×××	开工日期	2017 年 3 月 18 日
项目经理	×××	项目技术负责人	×××	竣工日期	2017 年 7 月 26 日

序号	项目	验收记录	验收结论
1	分部工程	共9分部，经查9分部符合标准及设计要求9分部	经各专业分部工程验收，工程质量符合验收标准
2	质量控制资料核查	共 40 项，经审查符合要求 40 项，经核定符合规范要求 40 项	质量控制资料经核查共 40 项，符合有关规范要求
3	安全和主要使用功能核查及抽查结果	共核查 26 项，符合要求 26 项，共抽查 10 项，符合要求 10 项，经返工处理符合要求 0 次	安全和主要使用功能共核查 26 项均符合要求，抽查其中 10 项使用功能均满足
4	观感质量验收	共抽查 24 项，符合要求 24 项，不符合要求 0 项	观感质量验收为好
5	综合验收结论	经对本工程综合验收，各分项分部工程符合设计要求，施工质量均满足相关质量验收规范和标准要求，单位工程竣工验收合格	

参加验收单位	建设单位	监理单位	施工单位	设计单位
	（公章）单位项目负责人：××2017 年 7 月 26 日	（公章）总监理工程师：××2017 年 7 月 26 日	（公章）总监理工程师：××2017 年 7 月 26 日	（公章）总监理工程师：××2017 年 7 月 26 日

单位（子单位）工程质量控制核查记录　　　　　　　　　表 3-29

工程名称		××宾馆		施工单位	××建设集团有限公司	
序号	项目	资料名称	份数	核查意义		核查人
1	建筑与结构	图纸会审、设计变更、洽商记录	23	设计变更、洽商记录齐全		×××
2		工程测量、放线记录	41	定位测量准确、放线记录安全		
3		原材料出厂合格证及进场检（试）验报告	156	水泥、钢筋、防水材料有出厂合格证及复试报告		
4		施工试验报告及见证检测报告	102	钢筋连接混凝土抗压强度试验报告等符合要求，且按30%进行见证取样		
5		隐蔽工程验收记录	112	隐蔽工程检查记录齐全		
6		施工记录	96	地基验槽、钎探、预验等齐全		
7		预制构件、预拌混凝土合格证	53	预拌混凝土合格证齐全		
8		地基基础、主体结构检验及抽样检测	10	基础、主体经监督部门检验		
9		分项、分部工程质量验收记录	47	质量验收符合规范规定		
10		工程质量是事故及事故调查处理资料	/	无工程质量事故		
11		新材料、新工艺施工记录	9	大体积混凝土施工记录齐全		
1	给水排水与采暖	图纸会审、设计变更、洽商记录	7	洽商记录齐全、清楚		×××
2		材料、配件出厂合格证书及进场检（试）验报告	31	合格证齐全、有进场检验报告		
3		管道、设备强度试验、严密性试验记录	3	强度试验记录齐全符合要求		
4		隐蔽工程验收记录	14	隐蔽工程检查记录齐全		
5		系统清洗、灌水、通水、通球试验记录	27	灌水、通水等试验记录齐全		
6		施工记录	14	各种预检记录齐全		
7		分项、分部工程质量验收记录	7	质量验收符合规范规定		
1	建筑电气	图纸会审、设计变更、洽商记录	6	洽商记录齐全、清楚		×××
2		材料、配件出厂合格证书及进场检（试）验报告	15	材料、主要设备出厂合格证书齐全、有进场检验报告		
3		设备调试记录	71	设备调试记录齐全		
4		接地、绝缘电阻测试记录	69	接地、绝缘电阻测试记录齐全符合要求		
5		隐蔽工程验收记录	9	隐蔽工程检查记录齐全		
6		施工记录	9	各种预检记录齐全		
7		分项、分部工程质量验收记录	9	质量验收符合规范规定		
1	通风与空调	图纸会审、设计变更、洽商记录	4	洽商记录齐全、清楚		×××
2		材料、配件出厂合格证书及进场检（试）验报告	13	合格证齐全、有进场检验报告		
3		制冷、空调、水管道强度试验、严密性试验记录	31	制冷、空调、水管道记录齐全		
4		隐蔽工程验收记录	16	隐蔽工程检查记录齐全		
5		制冷设备运行调试记录	15	各种调试记录齐全		
6		通风、空调系统调试记录	15	通风、空调系统调试记录正确		
7		施工记录	7	预检记录符合要求		
8		分项、分部工程质量验收记录	6	质量验收符合规范规定		

续表

工程名称		××宾馆		施工单位	××建设集团有限公司	
序号	项目	资料名称	份数	核查意义		核查人
1	电梯	图纸会审、设计变更、洽商记录	/	安装中无设计变更		×××
2		设备出厂合格证书及开箱检验记录	12	设备合格证齐全，有开箱记录		
3		隐蔽工程验收记录	20	隐蔽工程检查记录齐全		
4		施工记录	14	各种施工记录齐全		
5		接地、绝缘电阻测试记录	3	电阻值符合要求，记录齐全		
6		负荷试验、安全装置检查记录	3	检查记录符合要求		
7		分项、分部工程质量验收记录	15	质量验收符合规范规定		
1	建筑智能化	图纸会审、设计变更、洽商记录、竣工图及设计说明	6	洽商记录、竣工图及设计说明齐全		×××
2		材料、设备出厂合格证书及技术文件及进场检（试）验报告	25	材料、设备出厂合格证及技术文件齐全，有进场检验报告		
3		隐蔽工程验收记录	19	隐蔽工程检查记录齐全		
4		系统功能测定机设备调试记录	13	系统功能调试记录齐全		
5		系统技术、操作和维护手册	2	有系统技术操作和维护手册		
6		系统管理、操作人员培训记录	6	有系统管理操作人员培训记录		
7		系统检测报告	8	系统检测报告齐全符合要求		
8		分项、分部工程质量验收记录	8	质量验收符合规范规定		

结论：

　　通过工程质量控制资料核查，该工程资料齐全、有效，各种施工试验、系统调试记录等符合过关规定，同意竣工验收。

　　　　　　　　　　　　　　　　　　　　　　　　　　总监理工程师：×××
　　　　　　　　　　　　　　　　　　　　　　　　　　（建设单位项目负责人）
施工单位项目经理：×××
××年×月×日　　　　　　　　　　　　　　　　　　　××年×月×日

单位（子单位）工程安全和功能检验资料检查及主要功能抽查记录　　　表 3-30

工程名称		××宾馆		施工单位	××建设集团有限公司	
序号	项目	安全和功能检查项目	份数	核查意见	抽查结果	核查（抽查）人
1	建筑与结构	屋面淋水试验记录	3	试验记录齐全	合格	××× ×××
2		地下室防水效果检查记录	6	检查记录齐全		
3		有防水要求的地面蓄水试验记录	19	厕浴间防水记录齐全	合格	
4		建筑物垂直度、标高、全高测量记录	4	记录符合测量要求	合格	
5		抽气（风）道检查记录	3	检查记录齐全		
6		幕墙及外窗气密性、水密性、耐风压检测报告	1	"三性"试验报告符合要求		
7		建筑物沉降观测测量记录	1	符合要求		
8		节能、保温测试记录	4	保温测试记录符合要求		
9		室内环境检测报告	5	有害物指标满足要求		

续表

工程名称	××宾馆	施工单位	××建设集团有限公司

序号	项目	安全和功能检查项目	份数	核查意见	抽查结果	核查（抽查）人
1	给水排水与采暖	给水管道通水试验记录	20	通水试验记录齐全	合格	×××
2		暖气管道、散热器压力试验记录	32	压力试验记录齐全		
3		卫生器具满水试验记录	27	满水试验记录齐全	合格	
4		消防管道、燃气管道压力试验记录	33	压力试验符合要求		
5		排水干管通球试验记录	19	试验记录齐全		
1	电气	照明全负荷试验记录	5	符合要求	合格	×××
2		大型灯具牢固性试验记录	10	试验记录符合要求	合格	
3		避雷接地电阻测试记录	3	记录齐全符合要求	合格	
4		线路、插座、开关接地检验记录	30	检验记录齐全		
1	通风与空调	通风、空调系统试运行记录	2	符合要求		×××
2		风量、温度测试记录	9	有不同风量、温度记录	合格	×××
3		洁净室洁净度测试记录	5	测试记录符合要求		
4		制冷机组试运行调试记录	6	机组运行调试正常		
1	电梯	电梯运行记录	2	运行记录符合要求	合格	×××
2		电梯安全装置检测报告	2	安检报告齐全		×××
1	智能建筑	系统试运行记录	7	系统运行记录齐全		×××
2		系统电源及接地检测报告	5	检测报告符合要求		

结论：

　　对本工程安全、功能资料进行核查，基本符合要求。对单位工程的主要功能进行抽样检查，其检查结果合格，满足使用功能，同意竣工验收。

施工单位项目经理：×××　　　　　　　　　　　总监理工程师：×××
　　　　　×年×月×日　　　　　　　　　　　　（建设单位项目负责人）
　　　　　　　　　　　　　　　　　　　　　　　×年×月×日

单位（子单位）工程观感质量验收记录　　　　　表 3-31

工程名称	新余市文化艺术中心（职工之家、少年宫）	施工单位	江西省发达建筑工程有限责任公司

序号	项目		抽查质量状况										质量评价		
													好	一般	差
1	建筑与结构	室外墙面	√	√	√	√	√	○	√	√	√	√	√		
2		变形缝	√	√	√	√	√	√	√	√	√		√		
3		水落管、屋面	√	√	√	√	√	√	√	√	√		√		
4		室内墙面	√	√	√	√	√	√	√	√	√		√		
5		室内顶棚	√	√	○	√	√	√	√	√	√		√		
6		室内地面	√	√	√	√	√	√	√	√	√		√		
7		楼梯、踏步、护栏	√	√	○	○	○	√	√	√	√			√	
8		门窗	√	√	√	√	√	√	√	√	○	√	√		

序号	项目		抽查质量状况										质量评价		
													好	一般	差
1	给水排水与采暖	管道接口、坡度、支架	√	√	√	√	√	√	√	√	√	√	√		
2		卫生器具、支架、阀门	√	√	○	√	√	√	√	√	√	√	√		
3		检查口、扫除口、地漏	√	√	√	√	√	√	√	√	√	√	√		
4		散热器、支架	√	√	√	√	○	√	√	√	√	√	√		
1	建筑电气	配电箱、盘、板、接线盒	√	√	○	√	○	√	○	○	√	√		√	
2		设备器具、开关、插座	√	√	√	√	√	√	√	√	√	√	√		
3		防雷、接地													
1	通风与空调	风管、支架	√	√	√	○	√	√	√	√	√	√	√		
2		风口、风阀	√	√	√	√	√	√	√	√	√	√	√		
3		风机、空调设备	√	√	○	√	√	○	√	√	○	√		√	
4		阀门、支架	√	√	√	√	√	√	√	√	√		√		
5		水泵、冷却塔	√	√	√	√	√	√	√	√	○	√			
6		绝热	√	√	√	√	√	√	√	√	√				
1	电梯	运行、平层、开关门	√	√	√	√	√	√	√	√	√	√	√		
2		层门、信号系统	√	√	√	√	√	√	√	○	√	√			
3		机房	√	√	√	√	√	√	√	√	√	√			
1	智能建筑	机房设备安装及布局													
2		现场设备安装													
观感质量综合评价			好												

检查结论	工程观感质量综合评价为好，验收合格。 施工单位项目经理： ××× ×年×月×日	总监理工程师：××× （建设单位项目负责人）： ×年×月×日

地基与基础分部工程质量验收记录　　　　　　表 3-32

工程名称	××工厂宿舍 8 幢	结构类型	框架结构	层数	七层
施工单位	福建××建筑工程公司	技术部门负责人	林小东	质量部门负责人	王志强
分包单位		分包单位负责人		分包技术负责人	

序号	子分部工程名称	分项工程项数	施工单位检查评定	验收意见
1	无支护土方子分部	2	√	
2	地基处理子分部	1	√	
3	地下室防水了分部	4	√	
4	混凝土基础子分部	3	√	
				同意验收

续表

质量控制资料	√	同意验收
安全和功能检验（检测）报告	√	同意验收
观感质量验收	好	同意验收

验收单位	分包单位	项目经理：／	2016 年 06 月 20 日
	施工单位	项目经理：李同文	2016 年 06 月 20 日
	勘察单位	项目负责人：陈明志	2016 年 06 月 20 日
	设计单位	项目负责人：张小林	2016 年 06 月 20 日
	监理（建设）单位	总监理工程师：郝大海 （建设单位项目专业负责人） 2016 年 06 月 20 日	

模板拆除分项工程质量验收记录　　　　　　表 3-33

工程名称	广州南沙大角山海滨公园完善零星绿化工程	结构类型	框架结构	检验批数	21
施工单位	广州市伟盛园林建筑绿化工程有限公司	项目经理	皮志远	项目技术负责人	胡干才
分包单位		分包单位负责人		分包项目经理	

序号	检验批部位、区、段	施工单位检查评定结果	监理（建设）单位验收结论
1	A～H×1～3 轴首层梁	合格	××
2	A～H×3～5 轴首层梁	合格	××
3	A～D×5～7 轴首层梁	合格	××
4	D～H×5～7 轴首层梁	合格	××
5	A～H×1～3 轴首层板	合格	××
6	A～H×3～6 轴首层板	合格	××
7	A～H×6～7 轴首层板	合格	××
8	A～H×1～2 轴柱	合格	××
9	A～H×3～5 轴柱	合格	××
10	A～C×6～7 轴柱	合格	××
11	E～H×6～7 轴柱	合格	××
12	A～H×1～4 轴圈梁	合格	××
13	A～H×4～7 轴圈梁	合格	××
14	A～H×1～3 轴屋面梁	合格	××
15	A～H×3～6 轴屋面梁	合格	××
16	A～C×6～7 轴屋面梁	合格	××
17	C～H×6～7 轴屋面梁	合格	××
18	A～H×1～3 轴屋面板	合格	××
19	A～H×3～6 轴屋面板	合格	××
20	A～H×6～7 轴屋面板	合格	××
21	入口处混凝土台阶、散水	合格	××
检查结论	符合设计及规范要求，分项工程合格。 项目专业技术负责人：××× 　　　　　　　　　　　　×年×月×日	验收结论	合格。 监理工程师：××× （建设单位项目专业技术负责人）：××× 　　　　　　　　　　　　×年×　月×　日

钢筋分项工程（原材料、钢筋加工）检验批质量验收记录　　　表 3-34

工程名称		×××　检验批部位	二层墙柱、三层梁板钢筋原材料加工		施工执行标准名称及编号	《江苏省建筑安装工程施工技术操作规程》DGJ32／J 30—2006（第四分册）混凝土结构工程
序号			×××的规定		施工单位检查评定记录	监理（建设）单位验收记录
主控项目	1	钢筋的力学性能检查			合格	钢筋原材料已检测合格，受力钢筋弯钩和弯折符合设计及图集要求，封闭环式箍筋符合图集要求。验收合格
	2	有抗震设防要求的框架结构，纵向受力钢筋强度			合格	
	3	钢筋的化学成分检验或其他专项检验			合格	
	4	受力钢筋的弯钩和弯折加工			合格	
	5	非焊接封闭环式箍筋的加工			合格	
一般项目	1	钢筋应平直、无损伤，表面不得有裂纹、油污、颗粒状或片状老锈			合格	符合要求。抽测数据不小于 5 个
	2	钢筋调直宜采用机械方法，也可采用冷拉方法。当采用冷拉方法调直钢筋时，HPB235 级钢筋的冷拉率不宜大于 4‰，HRB335 级、HRB4（X）和 RRB400 级钢筋的冷拉率不宜大于 1‰			合格	
	3	钢筋加工的形状、尺寸应符合设计要求，其偏差应符合下表的规定			合格	
	6	项目	项目	允许偏差（mm）		
		1	受力钢筋顺长度方向全长的净尺寸	±10	××××××××××	
		2	弯起钢筋的弯折位置	±20	××××××××××	
		3	箍筋内净尺寸	±5	××××××××××	
施工单位检查评定结果		验收合格。 　　项目专业质量检查员：×××				2017 年 7 月 20 日
监理（建设）单位验收结论		验收合格。 　　监理工程师（建设单位项目专业技术负责人）：×××				2017 年 7 月 20 日

【实训】

依据某一实际工程背景，填写工程质量验收记录。

【课后讨论】

单位工程竣工验收记录有哪些？

相关知识

施工项目部资料员岗位职责

（1）负责施工单位内部及与建设单位、勘察单位、设计单位、监理单位、材料及设备供应单位、分包单位、其他有关部门之间的文件及资料的收发、传达、管理等工作，应规范管理，及时收发、认真传达、妥善保管、准确无误。

（2）负责所涉及的工程图纸的收发、登记、传阅、借阅、整理、组卷、保管、移交、归档。

（3）参与施工生产管理，做好各类文件资料的及时收集、核查、登记、传阅、借阅、整理、保管等工作。

（4）负责施工资料的分类、组卷、归档、移交工作。

（5）及时检索和查询、收集、整理、传阅、保存有关工程管理方面的信息。

（6）处理好各种公共关系。

单元小结

建筑工程质量除需要分节点进行检验批、分项工程、分部工程验收外，更重要的是在施工过程中对工程质量进行监督与检查，施工过程的质量检查主要有：

1. 检查施工技术管理文件
2. 工程质量控制
3. 安全和功能检查

这些检查都要在检查时形成真实记录，并制作成验收资料。因此，施工验收资料主要包含施工技术管理资料、工程质量控制资料、工程安全和功能检测资料和工程质量验收记录四部分。

单元课业

课业名称：制作一单位工程施工质量验收资料。

时间安排：利用课余时间，在本周授课任务完成后一周内完成。

一、课业说明

本课业是为了完成"工程资料制作"的能力而制定的，要求每位完成者各自选择单位工程，并据此列出资料名称，并填写完整。

二、任务内容

每班按 3~4 名成员分为若干小组。每个成员所形成的资料目录可以一样，但表格填写内容不应完全一样，要求每个成员必须独立完成。

1. 列出资料名称；

2. 正确填写每份资料；

3. 形成电子文档。

三、课业评价

评价内容与标准

技能	评价内容	评价标准
列出资料名称	1. 资料种类正确 2. 资料名称正确 3. 资料顺序正确	1. 能根据单位工程的具体实际列出资料名称 2. 样表填写文字规范、语言准确 3. 文字、表格输入、排版正确
填写资料表	1. 正确选择样表 2. 表内内容填写规范	
形成电子文档	1. 文档格式正确 2. 字体、字号选择正确 3. 版面美观	

能力的评定等级

4	C. 能高质、高效地完成此项技能的全部内容，并能指导他人完成； B. 能高质、高效地完成此项技能的全部内容，并能解决遇到的特殊问题； A. 能高质、高效地完成此项技能的全部内容
3	能圆满地完成此项技能的全部内容，并不需要任何指导
2	能完成此项技能的全部内容，但偶尔需要帮助和指导
1	能完成此项技能的全部内容，但是在现场指导下完成的

注：不合格：不能达到 3 级；　合格：全部项目都能达到 3 级水平；
　　良好：60%项目能达 4 级水平；　优秀：80%项目达到 4 级水平

建筑工程资料的分类与整理

引 言

建筑工程资料是房屋建设过程中各种图纸、文件、图片、录像等资料的总称，是工程建设的档案，是房屋检查、维修、使用、改、扩建的重要技术依据，应予永久保留。

学习目标

通过本单元的学习，你将能够

☑ 明确建筑工程资料的分类与提供单位；

☑ 根据施工图、设计变更等相关资料，编制竣工图；

☑ 按照资料整理的要求进行资料组卷；

☑ 熟练地利用资料软件制作工程资料。

4.1　建筑工程资料的分类

关键概念

建设单位的文件资料；监理单位的文件资料；施工单位的文件资料；竣工图资料。

建筑工程资料的分类是按照资料的来源、类别、形成的先后顺序以及收集和整理单位的不同来进行分类的，从整体上把全部的资料划分为四大类：建设单位的文件资料、监理单位的文件资料、施工单位的文件资料、竣工图资料。

(1) 建设单位的文件资料包括立项文件、建设规划用地文件、勘察设计文件、工程招标文件及合同文件、工程开工文件、商务文件、工程竣工验收及备案文件、其他文件等；

(2) 监理单位的文件资料包括监理管理资料、监理质量控制资料、监理进度控制资料、监理造价控制资料等；

(3) 施工单位的文件资料包括施工技术管理资料、工程质量控制资料、施工试验检测资料、施工记录、隐蔽工程检查验收记录、施工质量验收记录、单位工程竣工验收资料等；

(4) 竣工图资料包括综合竣工图、室外专业竣工图、专业竣工图等。

【课后讨论】

竣工图资料由哪个参建方制作？

4.2　建筑工程资料的形成过程

关键概念

项目立项；监理规划；竣工图。

4.2.1　建设单位文件资料的形成过程

建设单位文件资料是建设单位为了工程建设的顺利进行，按照国家行政部门的规定进行申报、审批、验收，在此过程中形成建设单位文件资料，详见图 4-1。

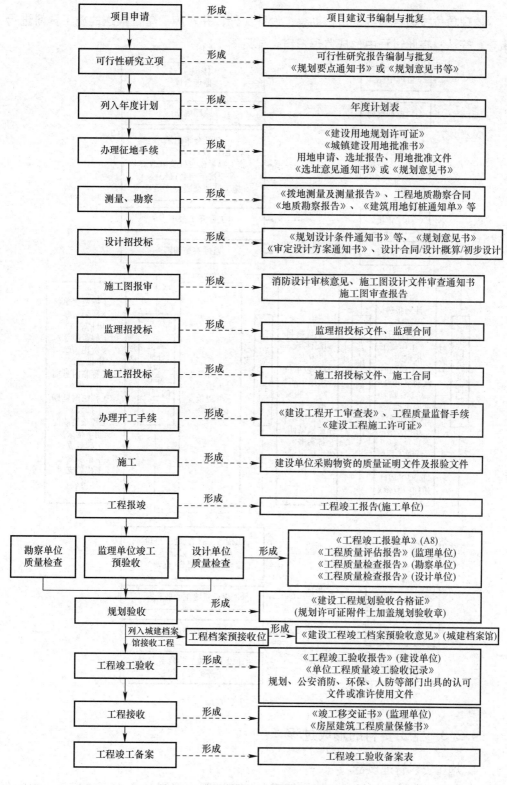

图 4-1　建设单位文件资料的形成过程

4.2.2　监理资料的形成过程

监理单位按照合同约定审核勘察、设计文件；并对施工单位报送的施工资料进行审查，签认；在此过程中形成监理资料。详见图 4-2。

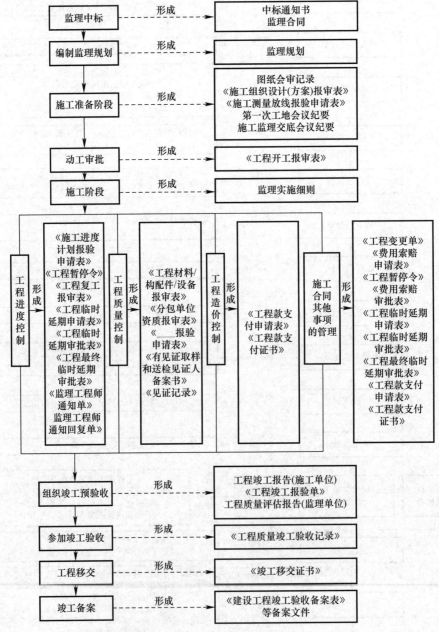

图 4-2　监理资料的形成过程

4.2.3　施工资料的形成过程

1. 施工资料管理规定

(1) 施工资料实行报验、报审管理。施工过程中形成的资料应按报验、报审程序，通过审核后，方可报建设（监理）单位。

（2）施工资料的报验、报审应有时限性要求。工程相关单位宜在合同中约定报验、报审资料的申报和审批时间，并约定应承担的责任。当无约定时，施工资料的申报、审批以不影响正常施工为原则。

（3）建筑工程实行总承包的，应在与分包单位签订施工合同中明确施工资料的移交份数、移交时间、质量要求及验收标准等。分包单位完工后，应将有关施工资料移交总承包单位。

2. 施工资料的形成过程

（1）施工技术资料的形成过程，详见图 4-3。

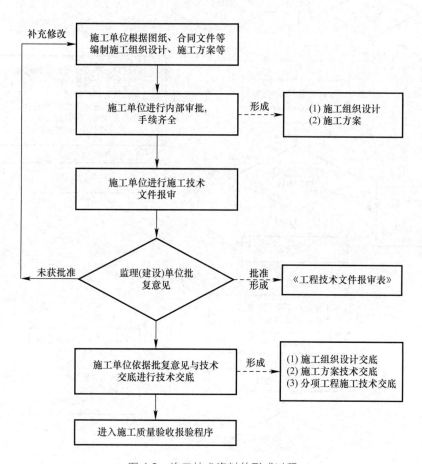

图 4-3　施工技术资料的形成过程

（2）工程质量控制资料的形成过程，详见图 4-4。

（3）施工质量验收记录的形成流程，详见图 4-5。

（4）分项工程质量验收记录形成流程，详见图 4-6。

（5）分部（子分部）工程质量验收资料形成流程，详见图 4-7。

（6）单位工程验收资料形成流程，详见图 4-8。

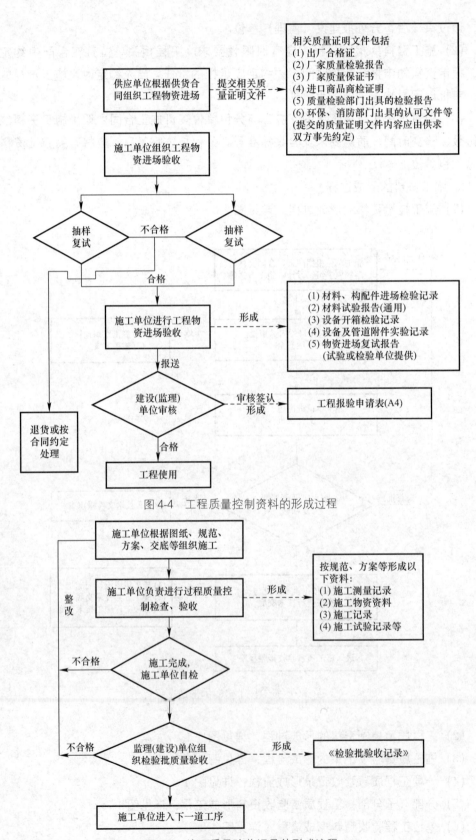

图 4-4 工程质量控制资料的形成过程

图 4-5 施工质量验收记录的形成流程

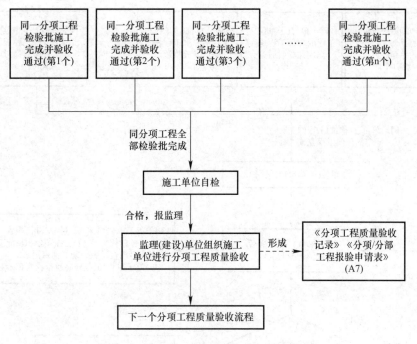

图 4-6　分项工程质量验收记录形成流程

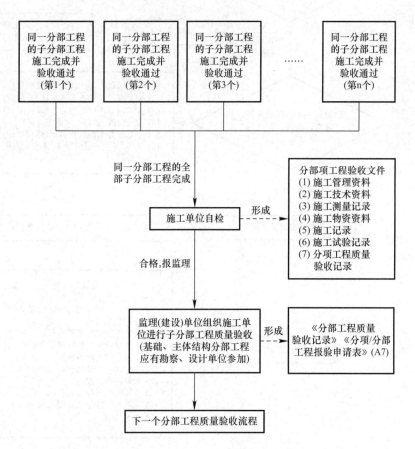

图 4-7　分部（子分部）工程质量验收资料形成流程

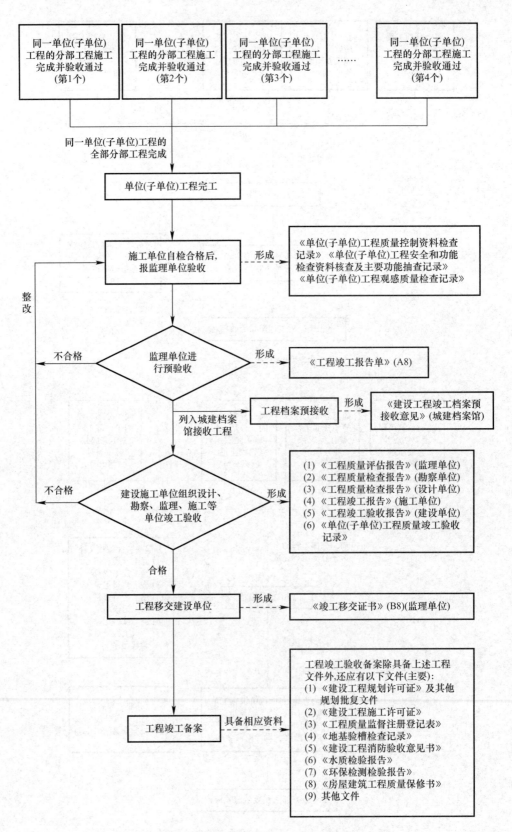

图 4-8　单位工程验收资料形成流程

4.2.4　竣工图的编制

1. 竣工图的编制要求

(1) 竣工图应按专业的不同进行分类整理。

(2) 凡是按照施工图施工未变更或修改的工程，由编制单位在施工图（干净的蓝图）的图签附近的空白处，加盖竣工图章并签名，作为竣工图。

(3) 凡是一般性的图纸变更，编制单位可根据设计变更，在施工图上直接改绘，并加盖及签署竣工图章。

(4) 凡结构形式、工艺、平面布置等发生重大改变或变更部分不能在原施工图上改绘的，应重新绘制，加盖竣工图章。重新绘制的图纸必须有图名和图号，图号可按原图编号。

(5) 凡用于改绘竣工图的图纸，都必须是新蓝图，不得使用旧图或复印的图纸。

(6) 各专业竣工图必须编制图纸目录，作废的图纸在目录上扛掉，补充的图纸必须在目录上列出，图名和图号，并加盖及签署竣工图章。

2. 竣工图的绘制要求

(1) 竣工图必须符合制图标准的要求，必须准确、清楚、完整，能够真实地反映工程实际情况。

(2) 在施工图上改绘，不得使用涂改液涂抹、刀刮、补贴等方法修改图纸。

(3) 字体及大小应与原图一致。

(4) 应使用绘图工具，不得徒手绘制。

(5) 使用绘图墨水（不褪色）。

(6) 凡是将洽商图作为竣工图的，必须符合制图要求，并作附图附在图纸后面。

3. 绘制方法

(1) 利用施工蓝图改绘竣工图

在施工蓝图上一般采用杠（划）改、叉改法；局部修改可以圈出更改部位，在原图空白处绘出更改内容；所有变更处都必须引划索引线并注明更改依据。具体的改绘方法可视图面、改动范围和位置、繁简程度等实际情况而定。

1) 取消、变更设计内容

A. 尺寸、门窗型号、设备型号、灯具型号、钢筋型号和数量、注解说明等数字、文字、符号的取消，可采用杠改法。即将取消的数字、文字、符号等用横杠扛掉，从修改的位置引出带箭头的索引线，在索引线上注明修改依据。例如"见×年×月×日设计变更通知单，×层结构图（结 2）中 Z15（Z16）柱断面，（Z16）取消。"

B. 隔墙、门窗、钢筋、灯具、设备等取消，可用叉改法和杠改法。例如 6 层⑧轴隔墙取消，可在隔墙的位置上打"×"；再如要把 C602 改为 C604，可在门窗型号及相关尺寸上打"杠"，（C602）再在其"杠"的上面标写 C604，并从修改处用箭头索引引出，注明修改依据。

2) 增加、变更设计内容

在建筑物某一部位增加隔墙、门窗、灯具、设备、钢筋等均应在图上绘出，并注明修改依据。

例如，某结构图中的一个剖面，钢筋原为 $4\Phi18$，现改为 $6\Phi18$，即在原来的基础上增加 $2\Phi18$ 钢筋。

其绘改方法，可将增加的钢筋画在该剖面要求的位置上，并注明更改依据。

3) 当图纸的某个部位变化较大，或不能在原位置上改绘时，可以采用绘制大样图或另补绘图纸的方法。

A. 画大样图的方法。在原图上标出应修改部位的范围后，再在其空白处绘出修改部位的大样图，并在原图改绘范围和改绘的大样图处注明修改依据。

例如，一层厨房窗台板。原设计为现浇混凝土板，现改为大理石板，将修改的部位用 A 表示，并在图纸空白处绘制大样图 A 即可。

B. 另补绘图纸的方法。如果有原图纸无空白处，可另用硫酸纸绘补图纸并晒成蓝图，或用绘图仪绘制白图附在原图之后。修改位置和补绘的图纸上均应注明修改依据，补图要有图名和图号。

具体的做法：在原图纸上画出修改范围，并注明修改依据和见某图（标明图号及图名）；在补图上也必须注明该图号和图名，并注明是原来某图（标明图号及图名）某部位的补图与修改依据。

例如：某图一层建筑平面Ⓐ～Ⓑ轴间的采暖地沟需要修改，需要重绘两轴间大样图。具体做法：先在原图Ⓐ～Ⓑ轴注明修改依据，并注明详见建筑补图××采暖地沟详图。然后再另绘制地沟详图。补图应注明图号和图名，并且此补图可以包括几个修改大样图。在图纸说明中注明地沟详图为一层平面Ⓐ～Ⓑ轴间修改图。

(2) 重新绘制竣工图

如果需要重新绘制竣工图的，必须按照有关的制图标准和竣工图的要求进行绘制及编制。

1) 要求重新绘制的竣工图与原图的比例相同，并且还应符合相关的制图标准，有标准的图框和内容齐全的图签，再加盖竣工图章。

2) 用 CAD 绘制的竣工图，在电子版施工图上依据设计变更、工程洽商的内容进行修改，修改后用云图圈出修改部位，并在图中空白处做 1 个修改备考表，并且在其图签上必须有原设计人员签字。

(3) 在硫酸纸图上修改晒制的竣工图

在原硫酸纸图上依据设计变更、工程洽商等内容用刮改法进行绘制，即用刀片将需要更改部位刮掉，再用绘图笔绘制修改内容，并在图中空白处做一修改备考表，注明变更、洽商编号（或时间）和修改内容，晒成蓝图。

(4) 竣工图加写说明

1) 凡设计变更、洽商的内容在施工图上修改的，均应用绘图方法改绘在蓝图上，不再加写说明，如果修改后的图纸仍然有内容无法表示清楚，可用精练的语言适当加以说明。

2）图上某一种设备、门窗等型号的改变，涉及多处修改时，要对所有涉及的地方全部加以改绘，其修改依据可标注在一个修改处，但需在此处做简单说明。

例如，某建筑采暖管道系统图中的所有 25mm 管道全部改成 32mm，或某建筑给水管道系统图上 50mm 的闸板阀全部改成 50mm 的球形阀，修改时每处的规格、型号、名称有变化的均应改正，但在标注修改依据时，可只注一处，并加以数量说明即可。

3）钢筋的代换，混凝土强度等级的改变，墙、板、内外装修材料的变更以及由建设单位自理的部分等，在图上修改难以用作图方法表达清楚时，可加注或用索引的形式加以说明。

4）凡是涉及说明类型的洽商，应在相应的图纸说明中使用设计规范用语反映洽商内容。

4. 竣工图章

(1)"竣工图章"应具有明显的"竣工图"字样，并包括编制单位名称、编制人、审核人、技术负责人和编制日期以及监理单位等基本内容。各方负责人要对竣工图负责。竣工图章的内容、尺寸如图 4-9 所示（单位 mm）。

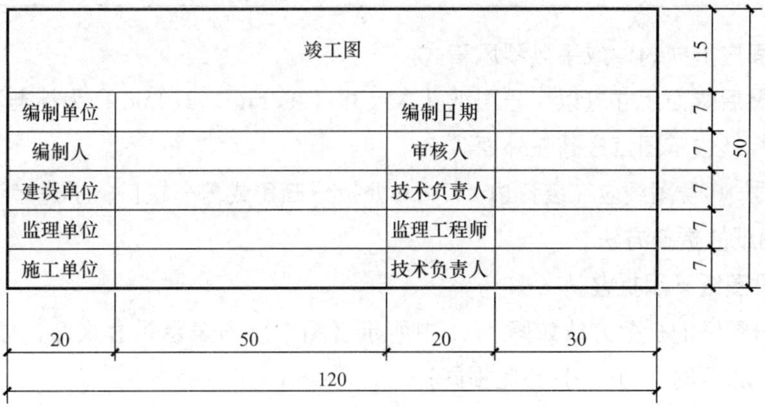

竣工图				15
编制单位		编制日期		7
编制人		审核人		7
建设单位		技术负责人		7
监理单位		监理工程师		7
施工单位		技术负责人		7
20	50	20	30	
	120			

图 4-9 竣工图章的内容、尺寸

(2) 所有竣工图应由编制单位逐张加盖竣工图章并由各方负责人签署姓名。竣工图章中的签名必须齐全，不得代签。

(3) 凡由设计单位编制的竣工图，其设计图签中必须注明为竣工阶段，并由绘制人和技术负责人在设计图签中签字。

(4) 竣工图章应加盖在图签附近的空白处。

(5) 竣工图章应使用不褪色红色或蓝色印泥。

5. 竣工图纸的折叠方法

(1) 一般要求

1）图纸折叠前应按裁图线裁剪整齐，其图纸幅面应符合建筑制图标准的规定。图纸的形状与尺寸代号，如图 4-10 及表 4-1 所示，尺寸单位为 mm。

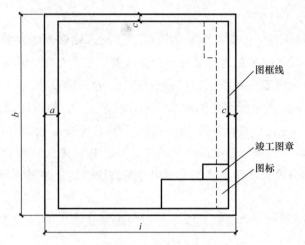

图 4-10　工程图纸样式

图纸基本幅面与代号　　　　　　　　　　　　　表 4-1

基本幅面代号	0	1	2	3	4
$b \times i$	841×1189	594×841	420×594	297×420	297×210
c	10		5		
a	25				

2）图面应折向内，成手风琴风箱式。

3）折叠后幅面尺寸应以 4 号图纸基本尺寸（297mm×210mm）为标准。

4）图标及竣工图章应露在外面。

5）3 号~0 号图纸应在装订边 297mm 处折一三角或剪一缺口，折进装订边。

（2）图纸的折叠方法

1）4 号图纸不用折叠。

2）3 号图纸的折叠方法如图 4-11 中所示（图中序号表示折叠次序，虚线表示折起的部分，以下 3）、4）、5）与此相同）。

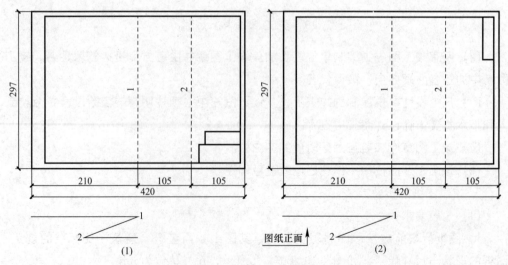

图 4-11　3 号图纸的折叠方法

3）2 号图纸的折叠方法如图 4-12 所示。

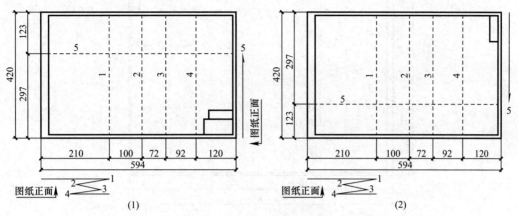

图 4-12　2 号图纸的折叠方法

4）1 号图纸的折叠方法如图 4-13 所示。

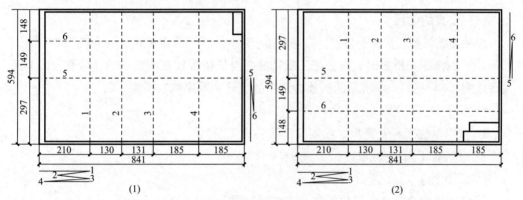

图 4-13　1 号图纸的折叠方法

5）0 号图纸的折叠方法如图 4-14 所示。

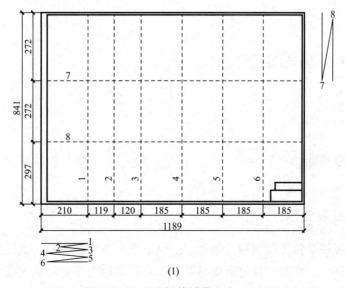

图 4-14　0 号图纸的折叠方法（一）

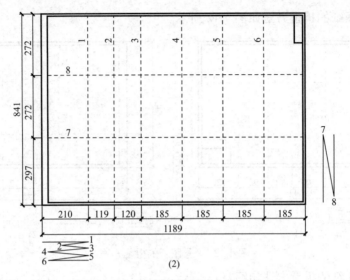

(2)

图 4-14　0 号图纸的折叠方法（二）

（3）工具的使用

如果图纸较多时，在折叠前，做好准备一块略小于 4 号图纸尺寸（一般为 292mm×205mm）的模板。折叠时，应先把图纸铺好，再把模板放在图纸的适当位置上，然后按照如图 4-11～图 4-14 所示的折叠方法中的编号和顺序依次折叠。

【实训】

1. 依据单位工程变更单，绘制改工程的竣工图。

2. 进行竣工图折叠训练。

【课后讨论】

工程项目检验批资料发生丢失，应如何处理？

4.3　工程资料的组卷

关键概念

组卷；工程档案。

4.3.1　组卷要求

建设项目应按单位工程组卷。组卷前应保证建设单位的资料、监理单位资料及施工单位资料的齐全、完整，并符合填写要求。工程资料应根据不同的收集和整理单位及资料类别，按建设单位资料、监理单位资料、施工单位资料和竣工图分别进行组卷。卷内资料排列顺序应依据卷内资料构成而定，一般顺序为封面、目录、资料部分、备考表和封底。案卷不宜过厚，一般不超过40mm。

组卷的具体要求如下：

（1）建设单位资料的组卷

建设单位的资料可根据类别和数量的多少组成一卷或多卷。如果工程较大资料较多，又考虑分别组成立项卷、建设规划用地文件卷、勘察设计文件卷、工程招投标及合同文件卷、工程开工文件卷、商务文件卷、工程竣工验收及备案文件卷、其他文件卷等多卷。

（2）监理单位资料的组卷

监理单位资料可根据资料类别和数量多少组成一卷或多卷。如果工程较大资料较多，也可考虑分别组成监理管理资料卷、监理质量控制资料卷、监理进度控制资料卷、监理造价控制资料卷等多卷。

（3）施工单位资料的组卷

施工单位资料组卷应按照单位（子单位）工程、分部工程划分，每卷再按照资料类别顺序排列，并根据资料数量多少组成一卷或多卷。对施工工艺比较复杂的工程，通常按分部（分项）工程的资料进行分别组卷，见表4-2。

可进行单独组卷的子分部（分项）工程一栏表　　表4-2

序号	分部工程名称	单独组卷的子分部（分项）工程
1	地基基础工程	基坑工程
		桩基坑工程
		预应力混凝土工程
		钢结构工程
2	主体结构工程	预应力混凝土工程
		钢结构工程
		木结构
		网架和索膜结构
3	建筑装饰装修工程	幕墙工程
4	建筑屋面工程	玻璃屋面工程
5	建筑给水、排水及采暖	供热锅炉及辅助设备
		纯净水工程
		中水工程
6	建筑电气工程	变配电室
7	建筑智能	通信网络系统
		信息网络系统
		建筑设备监控系统
		火灾自动报警系统及消防联动系统
		安全防范系统
		综合布线系统
		环境工程
8	建筑节能	

（4）竣工图组卷

竣工图应按图纸的类别（综合竣工图、室外专业竣工图、专业竣工图）和专业（如建筑竣工图卷、结构竣工图卷、给排水及采暖竣工图卷、燃气工程竣工图卷、建筑电气竣工图卷、建筑智能竣工图卷、通风空调竣工图卷、电梯竣工图卷等）的不同来进行组卷，每一专业也可根据图纸数量的多少组成一卷或多卷。

（5）案卷页号的编写

编写页号应以独立卷为单位，以有书写内容的页面编写页号，每卷从阿拉伯数字1开始，使用打号机打号或钢笔书写号，依次逐张连续标注，案卷封面和卷内目录不编写页号。页号位置一般位于右下角（双面书写的文字资料背面标注在左下角）。

4.3.2 施工单位资料组卷的排列顺序

施工单位资料组卷的排列顺序一般按下列顺序编排：

1. 建筑与结构工程施工资料为第一分册

（1）施工管理资料

1）施工现场质量管理检查记录

2）建设工程特殊工种上岗证审查表

3）施工日志

4）工程开/复工报审表

5）工程停/复工报告等

（2）施工技术资料

1）单位工程施工组织设计

2）专项施工方案及专项施工方案专家论证审查报告

3）技术、质量交底记录

4）设计交底记录

5）图纸会审记录

6）设计变更通知单

7）工程洽商记录

8）技术联系（通知）单等

（3）原材料出厂合格证书及进场检（试）验报告

1）出厂质量证明文件

各种材料、构件、半成品、成品质量证明文件

钢材性能检验报告

钢筋机械连接型式检验报告

水泥性能检验报告

砂、石性能检验报告

外加剂性能检验报告

掺合料性能检验报告

防水涂料性能检验报告

防水卷材性能检验报告

砖（砌块）性能检验报告

轻集料性能检验报告

保温材料的外墙外保温系统耐候性检验报告

胶粉 EPS 颗粒保温浆料外墙外保温系统抗拉强度检验报告

EPS 板现浇混凝土外墙外保温系统粘结强度检验报告

保温材料的外墙外保温系统抗风荷载性能、抗冲击性、吸水量、耐冻融性、热阻、抹面层不透水性、保护层水蒸气渗透阻检验报告

外墙外保温系统组成材料性能检验报告

门、窗性能检验报告（建筑外窗应有三性能检测报告及力学性能检测报告）

吊顶材料性能检验报告

饰面板材性能检验报告

饰面石材性能检验报告

饰面砖性能检验报告

轻质隔墙材料性能检验报告

涂料性能检验报告

玻璃性能检验报告

壁纸、墙布防火、阻燃性能检验报告

装修用胶粘剂性能检验报告

隔声 /隔热 /阻热 /防潮材料特殊性能检验报告

木结构材料检验报告

材料污染物含量检验报告

预拌混凝土出厂合格证等

2）试验报告

钢材物理性能试验报告

钢材化学分析实验报告

水泥试验报告

砂试验报告

碎（卵）石试验报告

混凝土早强、减水类外加剂试验报告

混凝土引气剂试验报告

混凝土缓凝剂试验报告

混凝土泵送剂试验报告

砂浆防水剂试验报告

混凝土防水剂试验报告

混凝土防冻剂试验报告

混凝土膨胀剂试验报告

混凝土速凝剂试验报告

砌筑砂浆增塑剂试验报告

掺合料试验报告

轻骨料试验报告

烧结普通砖试验报告

烧结空心砖、空心砌砖、烧结多孔砖试验报告

粉煤灰砖试验报告

蒸压灰砂砖、蒸压灰砂空心砖试验报告

粉煤灰砌块试验报告

轻骨料混凝土小型空心砌块试验报告

普通混凝土小型空心砌块试验报告

木结构材料试验报告

膨胀珍珠岩试验报告

聚苯乙烯泡沫塑料

胶粉 EPS 颗粒浆料试验报告

苯板胶粘剂性能试验报告

耐碱玻璃纤维网格布试验报告

门窗力学性能试验报告

门窗物理性能试验报告

门窗保温性能试验报告

密封材料试验报告

外墙涂料试验报告

合成树脂乳液内墙涂料试验报告

水溶性内墙涂料试验报告

外墙饰面砖试验报告

防水涂料试验报告

防水卷材试验报告

装饰装修材料有害物质试验报告等

（4）施工测量记录

工程定位测量记录

基槽（孔）验线记录

楼层平面放线记录

楼层标高抄测记录

建筑物垂直度、标高、全高测量记录

建筑物沉降观测测量记录等

（5）施工记录

地基验槽（孔）记录

地基处理记录

预拌混凝土运输交接记录

混凝土开盘鉴定

混凝土工程施工记录

混凝土拆模申请批准单

混凝土养护测温记录

大体积混凝土养护测温记录

混凝土结构同条件养护试件测温记录

构件安装记录

焊接材料烘焙记录

木结构施工记录

涂料施工记录等

（6）隐蔽工程检查验收记录

地基验槽记录

地基处理复检记录

基础钢筋绑扎、焊接工程

主体工程钢筋绑扎、焊接工程

现场结构焊接

屋面防水层下各层细部做法

厕浴间防水层下各层细部做法等

（7）施工检测资料

锚固抗拔承载力检测报告

地基平板载荷试验报告

土工击实试验报告

回填土密实度检测报告

钢筋（材）焊接接头物理性能检测报告

钢筋机械连接接头抗拉强度检验报告

砂浆配合比试验报告

砂浆抗压强度检测报告

贯入法砂浆抗压强度检测报告

地下工程防水效果检验记录

防水工程淋（蓄）水检验报告

通风（烟）道检查记录

墙体传热系数检测报告

室内环境污染物检测委托单

室内环境污染物检测报告等

(8) 检验批、分项工程、分部（子分部）工程施工质量验收记录

地基与基础分部工程质量验收记录

地基与基础分部工程中分项工程质量验收记录

主体结构分部工程质量验收记录

主体结构分部工程中各分项工程质量验收记录

建筑装饰装修分部工程质量验收记录

建筑装饰装修分部工程中各分项工程质量验收记录

建筑屋面分部工程质量验收记录

建筑屋面分部工程中各分项工程质量验收记录

结构实体检验记录等

2. 基坑工程施工资料为第二分册

(1) 施工技术资料

1) 单位工程施工组织设计

2) 专项施工方案及专项施工专家论证审查报告

3) 技术、质量交底记录

4) 设计交底记录

5) 图纸会审记录

6) 设计变更通知单

7) 工程洽商记录

8) 技术联系（通知）单等

(2) 原材料出厂合格证书及进场检（试）验报告

1) 出厂质量证明文件

2) 试验报告

(3) 施工测量记录

(4) 施工记录

支护结构、降水与排水等施工记录等

(5) 隐蔽工程检查验收记录

(6) 施工检测资料

基坑支护变形监测记录，并附基坑（观测点）平面示意图

锚固抗拔承载力检测报告

基坑支护工程施工检测记录

基坑支护工程用锚杆、土钉应按设计要求进行现场锁定力（抗拔力）抽样检测，由检测机构出具等

(7) 检验批、分项工程、分部（子分部）工程施工质量验收记录

3. 桩基工程施工资料为第三册

(1) 施工技术资料

1) 单位工程施工组织设计

2) 专项施工方案及专项施工方案专家论证审查报告

3) 技术、质量交底记录

4) 设计交底记录

5) 图纸会审记录

6) 设计变更通知单

7) 工程洽商记录

8) 技术联系（通知）单等

(2) 原材料出厂合格证书及进场检（试）验报告

1) 出厂质量证明文件

2) 试验报告

(3) 施工测量记录

施工测量放线报验表等

(4) 施工记录

混凝土灌注桩施工记录

钻孔后压浆混凝土灌注桩施工记录

钻孔后压浆灌注桩施工记录

振动沉管灌注桩施工记录

混凝土预制桩打桩施工记录

静力压桩施工记录等

(5) 隐蔽工程检查验收记录

(6) 施工检测资料

基桩检测报告

桩基工程其他检测项目等

(7) 检验批、分项工程、分部（子分部）工程施工质量验收记录

4. 预应力工程施工资料为第四分册

(1) 施工技术资料

1) 单位工程施工组织设计

2) 专项施工方案及专项施工方案专家论证审查报告

3) 技术、质量交底记录

4) 设计交底记录

5) 图纸会审记录

6) 设计变更通知单

7) 工程洽商记录

8) 技术联系（通知）单等

(2) 原材料出厂合格证书及进场检（试）验报告

1) 出厂质量证明文件

预应力钢筋性能检验报告

预应力筋、锚（夹）具和连接器、水泥、外加剂和预应力筋孔道用螺旋管等出厂质量证明文件

预应力锚具、夹具和连接器性能检验报告等

2）试验报告

预应力钢筋力学性能试验报告

预应力锚具、夹具和连接器性能试验报告

孔道灌浆用水泥及外加剂等试验报告等

（3）施工测量记录

（4）施工记录

预应力钢筋固定、张拉端施工记录

预应力钢筋张拉记录

预应力钢筋封锚记录

有粘结预应力孔道灌浆记录等

（5）隐蔽工程检查验收记录

（6）施工检测资料

砂浆抗压强度检测报告等

（7）检验批、分项工程、分部（子分部）工程施工质量验收记录

5. 钢结构工程施工资料为第五分册

（1）施工技术资料

1）单位工程施工组织设计

2）专项施工方案及专项施工方案专家论证审查报告

3）技术、质量交底记录

4）设计交底记录

5）图纸会审记录

6）设计变更通知单

7）工程洽商记录

8）技术联系（通知）单等

（2）原材料出厂合格证书及进场检（试）验报告

1）出厂质量证明文件

钢材钢构件性能检验报告

钢材化学分析检验报告

焊接材料检验报告

连接用紧固件性能检验报告

高强度大六角头螺栓连接副扭矩系数检验报告

扭剪型高强度螺栓连接副预拉力检验报告

焊接球及制造焊接球所采用的原材料性能检验报告

螺栓球及制造螺栓球节点采用的原材料性能检验报告

封板、锥头和套筒及其原材料性能检验报告

金属压型板及原材料检验报告

涂装材料性能检验报告

防火涂料性能检验报告

钢结构用其他材料性能检验报告等

2）试验报告

钢结构用钢材力学性能试验报告

钢结构用钢材化学分析实验报告

钢结构涂料试验报告

焊接材料试验报告

高强度大六角头螺栓连接副扭矩系数复验报告

扭剪型高强度螺栓预拉力复验报告

（3）施工测量记录

（4）施工记录

焊材烘焙记录

钢结构防腐（火）涂料施工记录

钢结构制作记录

钢结构安装记录

钢结构焊接记录

焊接记录附图

保温、保护层施工记录等

（5）隐蔽工程检查验收记录

（6）施工检测资料

钢结构工程焊接检测报告封皮

检测报告首页

探测示意图

超声波检测报告

焊接 X 射线检测报告

磁粉检测报告

网架节点承载力检测报告

抗滑移系数检测报告等

（7）检验批、分项工程、分部（子分部）工程施工质量验收记录

6．幕墙工程施工资料为第六分册

（1）施工技术资料

1）单位工程施工组织设计

2）专项施工方案及专项施工方案专家论证审查报告

3）技术、质量交底记录

4）设计交底记录

5）图纸会审记录

6）设计变更通知单

7）工程洽商记录

8）技术联系（通知）单等

（2）原材料出厂合格证书及进场检（试）验报告

1）出厂质量证明文件

幕墙用铝塑板检验报告（三性试验）

幕墙用硅酮结构胶检验报告

铝型材涂膜厚度检验报告

幕墙用玻璃性能检验报告

幕墙用石材性能检验报告

幕墙用金属板检验报告

防火材料防火性能检验报告等

2）试验报告

幕墙用铝塑板试验报告

幕墙用石材试验报告

幕墙用安全玻璃试验报告

硅酮结构密封胶物理力学性能试验报告

幕墙用硅酮结构胶密封性能试验报告等

（3）施工测量记录

（4）施工记录

幕墙注胶施工记录等

（5）隐蔽工程检查验收记录

（6）施工检测资料

锚固抗拔承载力检测报告

幕墙气密性、耐风压、平面变形性能检测报告

幕墙淋水检测记录等

（7）检验批、分项工程、分部（子分部）工程施工质量验收记录

7. 建筑给水排水及采暖工程施工资料为第七分册

（1）施工技术资料

1）单位工程施工组织设计

2）专项施工方案

3）技术、质量交底记录

4）设计交底记录

5）图纸会审记录

6）设计变更通知单

7）工程洽商记录

8）技术联系（通知）单等

（2）原材料出厂合格证书及进场检（试）验报告

1）出厂质量证明文件

各类管材、备件产品质量证明文件

设备、配件及器具应有质量合格证及安装说明书

特定设备及材料，如消防、卫生、压力容器等的检验报告

安全阀、减压阀的调试报告

锅炉、承压设备焊缝无损伤检测报告

给水管道材料卫生检验报告

水表和热量表计量检定证书

绝热材料产品质量合格证和性能检验报告等

2）试验报告

阀门、水嘴压力试验报告

散热器压力试验报告等

（3）施工测量记录

（4）施工记录

补偿器安装记录

伸缩器安装及预拉伸记录

设备精平、找正记录

风机、水泵安装记录等

（5）隐蔽工程检查验收记录

直埋于地下或结构中和暗敷设于沟槽、管井及进入吊顶内的给水、排水、雨水、采暖、消防管道和相关设备的检查验收记录

有防水要求的套管检查验收记录

有绝热、防腐要求的给水、排水、采暖、消防、喷淋管道和相关设备的检查验收记录

埋地的采暖、热水管道，保温层、保护层的检查验收记录

地面辐射采暖检查验收记录

（6）施工检测资料

设备及管道附件检测记录

灌水、满水检测记录

管道与设备强度、严密性试验记录

通水检测记录

管道冲洗、吹扫、脱脂检测记录

室内排水管道通球检测记录

室内消火栓试射记录

生活用水卫生检测报告

安全附件安装检测记录

锅炉烘炉记录

锅炉煮炉记录

锅炉试运行记录

安全阀调试记录

(7) 检验批、分项工程、分部（子分部）工程施工质量验收记录

建筑给水、排水及采暖分部工程中各分项工程质量验收记录

建筑给水、排水及采暖分部工程质量验收记录等

8. 通风空调工程施工资料为第八分册

(1) 施工技术资料

1) 单位工程施工组织设计

2) 专项施工方案

3) 技术、质量交底记录

4) 设计交底记录

5) 图纸会审记录

6) 设计变更通知单

7) 工程洽商记录

8) 技术联系（通知）单等

(2) 原材料出厂合格证书及进场检（试）验报告

1) 出厂质量证明文件

各种设备、配件及器具质量证明文件

绝热材料的产品质量合格证和性能检验报告

各类板材、管材等应有出厂质量证明文件和性能检验报告

压力表、温度计、湿度计、流量计、水位计等产品的合格证和检测报告等

2) 试验报告

阀门的压力试验报告等

(3) 施工测量记录

(4) 施工记录

设备精平、找正记录

风机、水泵安装记录等

(5) 隐蔽工程检查验收记录

敷设于竖井内、不进入吊顶内的风道（包括各类附件、部件、设备等）的检查验收记录

有绝热、防腐要求的风管、空调水管及设备的检查验收记录等

(6) 施工检测资料

风管漏光检测记录

风管漏风检测记录

除尘器、空调机漏风检测记录

室内风量、温度检测记录

风管风量平衡检测记录

制冷系统气密性检测记录

净化空调系统检测记录

防排烟系统联合试运行记录等

(7) 检验批、分项工程、分部（子分部）工程施工质量验收记录

通风与空调分部工程中各分项工程质量验收记录

通风与空调分部工程质量验收记录等

9. 建筑电气工程施工资料为第九分册

(1) 施工技术资料

1) 单位工程施工组织设计

2) 专项施工方案

3) 技术、质量交底记录

4) 设计交底记录

5) 图纸会审记录

6) 设计变更通知单

7) 工程洽商记录

8) 技术联系（通知）单等

(2) 原材料出厂合格证书及进场检（试）验报告

1) 出厂质量证明文件

低压成套配电柜、动力、照明配电箱（盘、柜）出厂合格证、试验记录

电力变压器、柴油发电机组、高压成套配电柜、蓄电池柜、不间断电源柜、控制柜（屏、台）出厂合格证和试验记录

电动机、电加热器、电动执行机构和低压开关设备合格证

照明灯具、开关、插座、风扇及附件出厂合格证

电线、电缆出厂合格证

导管、型钢出厂合格证和材质证明书

电缆桥架、线槽出厂合格证

裸母线、螺导线、电缆头部件及接线端子、电焊条、钢制灯柱、混凝土电杆和其他混凝土制品出厂合格证

镀锌制品（支架、横担、接地极、避雷用型钢等）、外线金具出厂合格证和镀锌质量证明书

封闭母线、插接母线出厂合格证

进口物资的商检证明

设备安装技术文件等

2）试验报告

（3）施工测量记录

（4）施工记录

（5）隐蔽工程检查验收记录

埋于结构内的各种电线导管、结构钢筋避雷引下线、等电位及均压环暗敷设、接地极装置埋设、金属门窗、幕墙金属框架接地、不进入吊顶内的电线导管、不进入吊顶内的线槽、直埋电缆、不进入的电缆沟内敷设电缆、管（线）路经过建筑物变形缝处的补偿装置、大型灯具及吊扇的预埋件（吊钩）等的检查验收记录。

（6）施工检测资料

电气接地电阻检测记录

等电位联结导通性检测记录

电气绝缘电阻检测记录

大型照明灯具载荷测试记录

电气器具通电安全测试记录

建筑物照明通电试运行记录

电气设备空载试运行记录

大容量电气线路结点温度检测记录

避雷带支架拉力测试记录

高压部分检测记录

电度表检定记录等

（7）检验批、分项工程、分部（子分部）工程施工质量验收记录

建筑电气分部工程中各分项工程质量验收记录

建筑电气分部工程质量验收记录

10．建筑智能工程施工资料为第十分册

（1）施工技术资料

1）单位工程施工组织设计

2）专项施工方案

3）技术、质量交底记录

4）设计交底记录

5）图纸会审记录

6）设计变更通知单

7）工程洽商记录

8）技术联系（通知）单等

（2）原材料出厂合格证书及进场检（试）验报告

1）出厂质量证明文件

材料、设备出厂合格证或产品认证书、检验报告、产品说明书、主要设备安装使用说明书

未列入强制性认证产品目录或未实施生产许可证和上网许可证管理的产品按规定程序进行产品检测

硬件设备及材料的可靠性检测报告

商业化软件的使用许可证

系统承包商编制的各类用户应用软件功能测试报告，以及根据需要进行的容量、可靠性、安全性、可恢复性、兼容性、自诊断、可维护性等功能测试报告

所有自编软件均提供完整的文档（资料、规定、安装调试说明、使用和维护说明）

系统接口的规定、系统接口测试方案

批准使用新材料、新产品的主管部门证明文件等

2）试验报告

（3）施工测量记录

（4）施工记录

（5）隐蔽工程检查验收记录

埋在结构内的各种电线导管、不进人吊顶内的电线导管、不进人吊顶内的线槽、直埋电缆、不进人的电缆沟敷设电缆等的检查验收记录等

（6）施工检测资料

电气接地电阻检测记录

电气绝缘电阻检测记录

电气器具通电安全测试记录

建筑智能系统功能检测记录

综合布线系统性能测试记录

视频系统末端测试记录

建筑设备监控系统功能测试记录

建筑智能系统试运行记录等

（7）检验批、分项工程、分部（子分部）工程施工质量验收记录

智能建筑分部工程中各分项工程质量验收记录

智能建筑分部工程质量验收记录

11. 电梯工程施工资料为第十一分册

（1）施工技术资料

1）单位工程施工组织设计

2）专项施工方案

3）技术、质量交底记录

4）设计交底记录

5）图纸会审记录

6）设计变更通知单

7）工程洽商记录

8）技术联系（通知）单等

（2）原材料出厂合格证书及进场检（试）验报告

1）出厂质量证明文件

电梯主要设备、材料及附件出厂合格证、产品说明书、安装技术文件、设备开箱检验记录等

2）试验报告

（3）施工测量记录

（4）施工记录

电梯技术参数

电梯机房、井道土建交接记录

自动扶梯、自动人行道土建交接记录

电梯导轨支架安装记录

电梯导轨安装记录

电梯轿厢、安全钳、限速器、缓冲器安装记录

电梯对重装置、导向轮、复绕轮、曳引机、导靴安装记录

电梯门系统安装记录

电梯电气装置安装记录

自动扶梯、自动人行道电气装置安装记录

自动扶梯、自动人行道机械装置安装记录等

（5）隐蔽工程检查验收记录

电梯承重梁埋设隐蔽工程检查验收记录

电梯钢丝绳头灌注隐蔽工程检查检查记录

电梯导轨支架、层门支架、螺栓埋设隐蔽工程检查验收记录等

（6）施工检测资料

电梯电气绝缘电阻检测记录

轿厢平面准确度检测记录

电梯负荷运行检测记录

电梯噪声检测记录

电梯电气装置检测记录

电梯整机性能检测记录

电梯主要功能检测记录

自动扶梯、自动人行道安全装置检测记录

自动扶梯、自动人行道整机性能检测记录等

（7）检验批、分项工程、分部（子分部）工程施工质量验收记录

电梯分部工程中各分项工程质量验收记录等

电梯分部工程质量验收记录

12. 建筑节能工程施工质量验收资料为第十二分册

（1）建筑节能工程施工、技术管理资料

建筑节能工程概况

建筑节能工程专业分包资质及总分包合同

建筑节能工程设计文件，施工图审查意见书（建筑节能专篇）

建筑节能工程设计变更及施工图变更审查文件

建筑节能工程"四新"技术评审、鉴定及备案文件

建筑节能工程施工方案及审批

建筑节能材料复验、现场检测单位的资质证书

样板间、样板件的确认文件

（2）建筑节能工程质量控制资料

建筑节能分部工程质量控制资料核查记录

材料和设备进场验收记录

节能工程材料合格证、试验报告、定型产品或成套技术型式检验报告（含墙体外保温系统耐候性检验报告）、材料复验报告、现场检测汇总表

墙体节能工程材料合格证、试验报告、定型产品或成套技术型式检验报告（含墙体外保温系统耐候性检验报告）、材料复验报告

保温隔热材料的厚度检测记录

保温板材与基层的粘结强度现场拉拔试验报告

后置锚固件锚固力现场拉拔试验报告

墙体保温浆料同条件养护试件检测报告

饰面砖粘结强度拉拔试验报告

保温砌块砌筑砂浆强度试验报告

隔热型材力学性能和热变形性能试验报告

幕墙玻璃的质量证明文件和复验报告

幕墙工程材料、构件质量证明文件和复验报告

幕墙气密性能检测报告

外门窗材料质量证明文件和复验报告

建筑外窗气密性、保温性能等复验报告

屋面工程材料质量证明文件和复验报告

地面节能工程材料质量证明文件、复验报告

采暖节能工程材料质量证明文件、复验报告

采暖节能工程有关调试记录

通风与空调节能工程材料、设备质量证明文件和复验报告

通风与空调节能工程有关调试记录

空调与采暖系统冷热源及管网节能工程材料、设备质量证明文件和复验报告

空调与采暖系统冷热源及管网节能工程有关调试记录

配电与照明节能工程材料、设备质量证明文件和复验报告

监测与控制节能工程材料、设备质量证明文件和相关技术资料

建筑节能工程围护结构的传热系数检验报告（热工性能现场检测报告）

外墙节能构造钻芯检验报告

外窗气密性现场实体检测报告

采暖、通风、空调、配电与照明系统性能检测报告

风管及系统严密性检验记录

现场组装的组合式空调机组的漏风量测试记录

设备单机试运转及调试记录

系统联合试运转及调试记录

系统节能性能检测报告

(3) 建筑节能分部工程质量验收资料

建筑节能分部工程质量验收记录

墙体节能分项工程质量验收记录

墙体节能分项工程隐蔽验收记录

墙体节能检验批/分项工程质量验收

聚苯板外保温系统墙体节能检验批/分项工程质量验收记录

保温浆料保温系统墙体节能检验批/分项工程质量验收记录

聚氨酯发泡外保温墙体节能检验批/分项工程质量验收记录

保温装饰板外保温系统墙体节能检验批/分项工程质量验收记录

墙体自保温墙体节能检验批/分项工程质量验收记录

幕墙节能分项工程质量验收记录

幕墙节能分项工程隐蔽验收记录

幕墙节能检验批/分项工程质量验收记录

门窗节能分项工程质量验收记录

门窗节能分项工程隐蔽验收记录

门窗节能检验批/分项工程质量验收记录

屋面节能分项工程质量验收质量验收记录

屋面节能分项工程隐蔽验收记录

屋面节能检验批/分项工程质量验收记录

地面节能分项工程质量验收记录

地面节能分项工程隐蔽验收记录

地面节能检验批/分项工程质量验收记录

采暖节能分项工程质量验收记录

采暖节能分项工程隐蔽验收记录

采暖节能检验批/分项工程质量验收记录

通风与空调节能分项工程质量验收记录

通风与空调节能分项工程隐蔽验收记录

通风与空调节能检验批/分项工程质量验收记录

空调与采暖系统冷热源及管网节能分项工程质量验收记录

空调与采暖系统冷热源及管网节能检验批/分项工程质量验收记录

配电与照明节能分项工程质量验收记录

配电与照明节能分项工程隐蔽验收记录

配电与照明节能检验批/分项工程质量验收记录

监测与控制节能分项工程质量验收记录

监测与控制节能分项工程隐蔽验收记录

监测与控制节能检验批/分项工程质量验收记录

(4) 其他

13. 单位（子单位）工程竣工验收资料为第十三分册

(1) 工程概况

(2) 工程质量事故调（勘）查记录与工程质量事故报告

(3) 单位（子单位）工程施工质量竣工验收记录

建筑工程质量验收程序和组织

单位（子单位）工程质量竣工验收记录

单位（子单位）工程质量控制资料核查记录

单位（子单位）工程安全和功能检验资料核查及主要功能抽查记录

单位（子单位）工程工程观感质量检查记录等

(4) 单位（子单位）工程施工总结

14. 综合施工图（竣工图）资料为第十四分册

设计说明书

总平面布置图（包括建筑、建筑小品、照明、道路、绿化等）施工文件

竖向布置图

室外给水、排水、热力、燃气等管网综合图

电气（包括电力、电讯、电视系统等）综合图等

15. 室外工程专业竣工图资料为第十五分册

室外给水工程竣工图及设计说明

室外雨水工程竣工图及设计说明

室外污水工程竣工图及设计说明

室外热力工程竣工图及设计说明

室外燃气工程竣工图及设计说明

室外电讯工程竣工图及设计说明

室外电力工程竣工图及设计说明

室外电视工程竣工图及设计说明

室外建筑小品工程竣工图及设计说明

室外消防工程竣工图及设计说明

室外照明工程竣工图及设计说明

室外水景工程竣工图及设计说明

室外道路工程竣工图及设计说明

室外绿化工程竣工图及设计说明等

16. 专业竣工图资料为第十六分册

建筑竣工图及设计说明

结构竣工图及设计说明

装修（装饰）竣工图及设计说明

给排水工程竣工图及设计说明

采暖工程竣工图及设计说明

消防工程竣工图及设计说明

通风空调工程竣工图及设计说明

燃气工程竣工图及设计说明

电气工程竣工图及设计说明

建筑智能工程竣工图及设计说明

电梯工程竣工图及设计说明

建筑智能功能工成竣工图及设计说明

电梯工程竣工图及设计说明等

也有一些省市按照下面的顺序进行排列组卷的：

(1) 主要原材料、半成品、成品构配件出厂质量证明和质量试（检）验报告；

(2) 施工试验报告；

(3) 施工记录

(4) 预检记录

(5) 隐蔽工程验收记录；

(6) 基础、结构验收记录；

(7) 给水排水及采暖工程；

(8) 电气安装工程；

(9) 通风与空调工程；

(10) 建筑智能工程；

(11) 电梯安装工程；

(12) 施工组织设计；

(13) 技术交底；

(14) 施工质量验收记录；

(15) 竣工验收资料；

(16) 设计变更、洽商记录；

(17) 竣工图。

4.3.3 封面、目录和备考表

1. 工程资料封面、目录和备考表

(1) 工程资料案卷总目录（表 4-3）

1) 工程资料案卷总目录，为工程资料各案卷的总目录，内容包括案卷序号、案卷题名、页数、编制单位、编制日期和备注。

2) 工程名称：填写工程建设项目竣工后使用名称（或曾用名）。

3) 案卷序号：填写各案卷编制的顺序号，即：第一卷、第二卷……

4) 案卷题名：填写对应案卷序号的各卷卷名。

5) 页数：填写相应各卷的总页数。

6) 编制单位：填写相应各卷档案的编制单位。

7) 编制日期：填写卷内资料形成的起（最早）、止（最晚）日期。

8) 备注：填写需要说明的问题。

工程资料案卷总目录　　　　　　　　　　　　　　　　　表 4-3

工程名称					
案卷编号	案卷名称	页数	编制单位	编制日期	备注

(2) 工程资料案卷封面 (表 4-4)

案卷封面包括名称、案卷题名、编制单位、技术主管、编制日期 (以上由移交单位填写)、保管期限、密级、保存档号、共____册第____册等 (由档案接收部门填写)。

1) 名称：填写工程建设项目竣工后使用名称 (或曾用名)。若本工程分为几个 (子) 单位工程应在第二行填写 (子) 单位工程名称。

2) 案卷题名：填写本卷卷名。第一行写单位、子单位工程名称；第二行填写案卷内主要资料内容提示。

3) 编制单位：本卷档案的编制单位，并加盖公章。

4) 技术主管：编制单位项目技术负责人签名或盖章。

5) 编制日期：填写卷内资料形成的起 (最早)、止 (最晚) 日期。

6) 保管期限：由档案保管单位按照标准规定的保管期限进行填写。

7) 密级：由档案保管单位按照密级划分规定填写。

工程资料案卷封面   表 4-4

工程资料
名称：_____
案卷题名：_____
编制单位：_____
技术主管：_____
编制日期：自　年　月　日起至　年　月　日止
保管期限：_____　密级：_____
保存档号：_____
共　册　　　　　　第　册

（3）工程资料卷内目录（表 4-5）

工程资料卷内目录为每卷总的编目，目录内容包括序号、资料名称、编制单位、编制日期、页次和备注。卷内目录内容应与案卷内容相符，排列在封面之后。原资料目录及设计图纸目录不能代替卷内目录。

1）序号：按卷内资料排列先后顺序，用阿拉伯数字从 1 开始依次标注。

2）资料名称：填写文字资料或图纸名称，无标题的资料应根据内容拟写标题。

3）编制单位：填写资料的形成单位或主要责任单位名称。

4）编制日期：填写资料的形成时间（文字资料为其原资料形成日期，竣工图为其编制日期）。

5）页次：填写每份资料在本案卷的页次或起止的页次。

6）备注：填写需要说明的问题。

工程资料卷内目录　　　　　　　　　　　　　　　　　　　　表 4-5

工程名称					
序号	资料名称	页数	编制单位	编制日期	备注

（4）工程资料卷内备考表（表 4-6）

内容包括卷内文字资料张数、图样资料张数、照片张数等，组卷单位的组卷人、审核人及接受单位的审核人、接收人应签字。

工程资料卷内备考表 表 4-6

本案卷已编号的文件资料共 111 张，其中：文字资料 97 张，图样资料 14 张，照片 6 张。 组卷单位对本案卷完整准确情况的审核说明： 　　　　　本案卷完整准确。   　　　　　　　　　　　　　　　　　　　　　　　　组卷人：×××　　×年×月×日 　　　　　　　　　　　　　　　　　　　　　　　　审核人：×××　　×年×月×日
保存单位的审核说明： 工程资料齐全、有效，符合规定。   　　　　　　　　　　　　　　　　　　　　　　　　技术审核人：×××　　×年×月×日 　　　　　　　　　　　　　　　　　　　　　　　　档案接收人：×××　　×年×月×日

1) 备考表分为上下两栏,上一栏由组卷单位填写,下一栏由接受单位填写。

2) 上栏应标明本案卷已编号资料的总张数,即文字、图纸、照片等的张数。审核说明中应填写组卷时资料的完整和质量情况,以及应归档而缺少的资料的名称和原因。组卷人由责任组卷人签名,审核人由案卷审查人签名。年月日应按组卷、审核时间分别填写。

3) 下栏由接受单位根据案件的完整及质量情况表明审核意见。

技术审核人由接受单位工程档案技术审核人签名,档案接收人由接受单位档案管理接受签名。年月日应按审核,接受时间分别填写。

2. 工程档案的封面、目录和备考表

(1) 工程档案案卷封面

使用城市建设档案封面见表 4-7,注明工程名称、案卷题名、编制单位、技术主管、保存期限、档案密级等。

工程档案案卷封面　　　　　　　　　　　　　　表 4-7

档案馆代号: 　　　　　　　　　　城市建设档案   名称:　_____   案卷题名:　_____   编制单位:　_____   技术主管:　_____   编制日期:　自　　年　　月　　日起至　　年　　月　　日止   保管期限:　_____密级:　_____   保存档号:　_____   　　　　　共　　　册　　　　　　　　第　　　册

(2) 工程档案卷内目录

使用城建档案卷内目录见表 4-8,内容包括顺序号、文件编号、责任者、文件题名、编制日期、页次、备注。

工程档案卷内目录 表 4-8

序号	资料名称	页数	编制单位	编制日期	备注

（3）工程档案卷内备考表

工程（城建）档案卷内备考表见表 4-9，内容包括卷内文字资料张数，图样资料张数，照片张数等和立卷单位的立卷人、审核人签字。

说明部分由城建档案馆根据案卷的完整及质量情况标明审核意见。

工程档案卷内备考表　　　　　　　　　　　表 4-9

本案卷共有文件资料　　页

其中：文字资料　　页；
图样资料　　页；
图　片　　页；

说明：

组卷人：

年　月　日

审核人：

年　月　日

3. 案卷脊背填写

工程资料案卷脊背项目的档案号、案卷题名，均由档案保管单位填写。

城建档案的案卷脊背由城建档案馆填写。

4. 外文编制的工程档案

对于用外文编制的工程档案，其封面、目录、备考表必须用中文书写。

4.3.4　案卷规格与装订

1. 案卷规格

卷内资料、封面、目录、备考表统一采用 A4 幅（297mm×210mm）尺寸。图纸为 A0（841mm×1189mm）、A1（594mm×841mm）、A2（420mm×594mm）、A3（297mm×420mm）幅面的，应折叠成 A4（297mm×210mm）幅面；幅面小于 A4 幅面的资料要用 A4 白纸（297mm×210mm）衬托。

2. 案卷装订

案卷一般均采用工程所在地建设行政主管部门或城建档案部门统一监制的卷盒。卷盒外表尺寸通常为 310mm×220mm，厚度分别为 20、30、40、50mm 等几种，可根据实际情况进行选择。

3. 案卷装订

(1) 文字材料必须装订成册, 图纸材料最好也装订成册, 但也可散装存放。

(2) 装订时要剔除金属物, 装订线一侧可根据案卷薄厚加垫草板纸等。

(3) 案卷用棉线在左侧三孔装订, 棉线装订结应打在背面。通常装订线应距左侧 20mm, 上下两孔一般分别距中孔 80mm。

(4) 装订时, 须将封面、目录、备考表、封底与案卷一起装订。

(5) 如果图纸散装在卷盒内, 则需要将封面、目录、备考表三件用棉线在左上角装订在一起。

【实训】

利用网络资源库中的工程资料, 进行工程资料组卷。

【课后讨论】

1. 工程资料组卷的一般顺序是什么?

2. 为什么建筑节能分部工程资料需要单独组卷?

3. 工程资料和工程档案的区别是什么?

4. 当一卷中的资料过多时, 如何处理?

4.4 工程资料微机管理

关键概念

电子组卷; 项目评定。

4.4.1 工程资料管理系统简介

各地区的资料软件除了表格模板不同外, 软件功能基本相同, 其包含内容主要有:

(1) 建筑工程施工质量验收资料的全部配套表格: 土建部分表格、建筑电气部分表格、通风与空调部分表格、电梯部分表格、建筑给水排水及采暖部分表格、钢结构部分表格、建筑幕墙部分表格、桩基部分表格;

(2) 建设工程施工阶段监理现场用表的相关表格;

(3) 建筑工程质量评价标准的配套表格;

(4)《智能建筑工程质量验收规范》GB 50339—2013 全部配套表格;

(5) 建筑工程安全资料配套表格;

(6)《建筑节能工程施工质量验收规范》GB 50411—2007 全部表格。

1. 软件主要功能

(1) 自动计算功能：包含计算的表格，用户只需输入数据，软件自动计算。

(2) 智能评定功能：软件自动根据国家标准和企业标准的数据对检验批进行等级评定，对不合格点自动标记。

(3) 验收数据逐级生成：检验批资料数据自动生成分项工程评定表数据、分部工程评定表数据。智能评定、验收数据逐级生成、填表示例功能界面图。

(4) 填表示例功能：提供规范的填表示例，资料管理无师自通。用户可编辑示例资料形成新资料，大大提高资料填写效率。

(5) 图形编辑器功能：内嵌图形编辑器，可以灵活方便地绘制建设行业常用图形，直接嵌入表格。

(6) 编辑扩充表格功能：允许用户自行修改原表，添加新表格并进行智能化设置。

(7) 安全表自动评分：可以自动根据国家有关标准对安全表格进行评分（安全专业）。

(8) 电子档案功能：为技术资料管理从纸质载体向光盘载体过渡提供优秀的解决方案。

2. 系统安装

(1) 将安装光盘插入电脑光驱，安装导航便自动进行相关的系统配置和安装的准备工作。如果您屏蔽了光盘自动播放功能，可用资源管理器浏览安装光盘的内容，打开里面的"技术资料管理系统"、"安全资料管理系统"文件夹，双击图标即进入初始化欢迎界面，单击"下一步"，进入安装界面。

注意：在整个安装过程中的任何一个步骤选择了"取消"，则会退出安装程序。

(2) 点击"安装"，软件进入安装状态。同时，有的软件自动安装"参考文献""技术交底库""施工方案库"。

(3) 单击"结束"，软件安装成功，该软件相应的图标会自动添加到"开始"菜单的"程序"组内，同时也会 Window 桌面上自动生成快捷图标。

4.4.2　新建工程与填写资料

1. 建立新建工程

双击桌面上的技术资料管理系统的图标，启动软件（图 4-15）。

第一次使用软件时，软件会自动弹出项目管理窗口，提示你建立自己的工程。

单击"新建工程"，选择"来自空白模板"。

输入工程名称，一般软件会有一个默认的工程名称，需要修改成要输入的工程名称。

单击确定后会提示你建立工程完毕，输入工程信息如：工程名称、地址、施工许可证号、结构类型、建筑面积、层数以及各参建单位名称及项目负责人等。

关闭工程信息维护窗口。

在这里，您还可以删除工程，选中需要删除的工程，点击"删除工程"按钮，工程即被删除。

图 4-15　软件界面

2. 如何找到要填写的资料

如果我们知道资料的具体名称和所属章节，可以直接单击各章节前面的符号，逐级找到要填写的资料，就像 Windows 的"资源管理器"那样。

但是，一般情况下我们不会记住所有的表格名称或编号，软件会提供模糊查找功能。单击"查找"按钮，在弹出的查找窗口中输入要查找资料名称所包含的部分文字。软件会自动查找到含有"＊＊＊＊"的所有资料。

3. 填写第一份检验批资料

双击我们需要填写的资料，进入资料编辑窗口，就可以开始填写资料了。

第一次进入某份资料时，表格处于锁定状态，我们需要增加一份新的资料。

单击"增加"按钮，软件提示我们输入验收部位，例如，输入 1～25 轴，单击确定后，软件新增加了一份表格（图 4-16）。

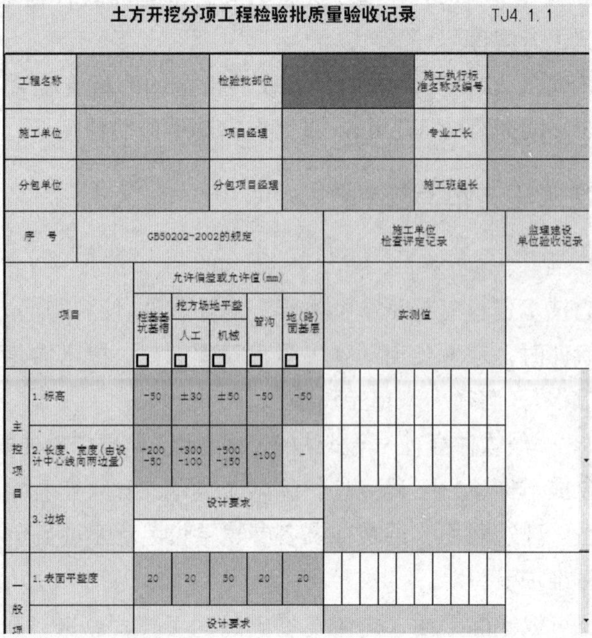

图 4-16　新增表格

同时表格解除了锁定状态，并且工程信息、顺序码等表头数据自动填写好了。

做完一个分项的所有检验批后，单击"分项"按钮，软件可根据检验批部位和评定结果自动生成分项工程评定表。

自动生成分项表格后，"分项"按钮变成了"检验批"按钮，单击"检验批"按钮可重新查看该分项的各检验批表格。

在验收完所有的分项后，软件可自动根据分项数据汇总成分部或子分部表格。

调出子分部表后，单击"分部"按钮，软件会根据分项数据自动生成子分部表格，完成对验收资料数据从检验批到分项、从分项到子分部，再从子分部到分部的逐级汇总。

4. 填写需要计算表格

我们以"混凝土试块抗压强度统计及验收记录"为例，介绍填写一份需要计算的表格的过程。

在软件及界面，单击"查找"按钮，输入"混凝土"，点击确定，软件在目录中列出所有包含"混凝土"字样的资料。

找到"混凝土试块抗压强度统计、评定验收记录"这份资料。双击它，进入表格编辑界面（图 4-17）。

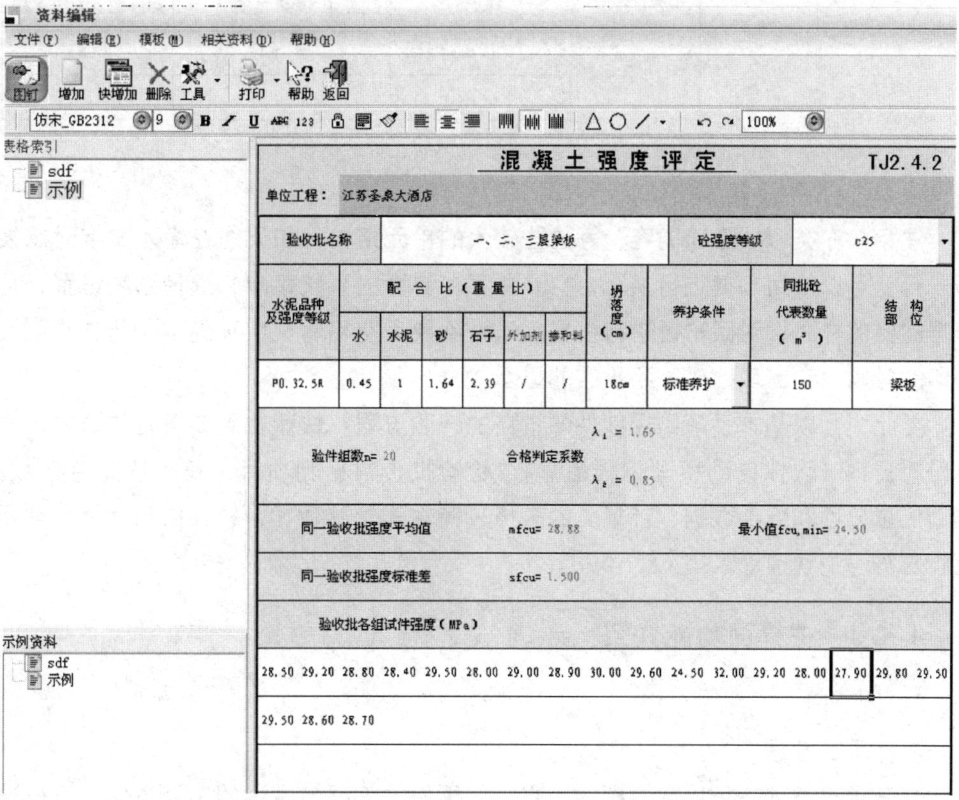

图 4-17　表格编辑界面

单击"增加"按钮，我们随便输入一个索引名称，点击确定。只需要输入实测数据，计算的过程是由软件自动完成的。选择一个强度等级，在软件中不需要输入序号，软件会自动排序，只需要输入混凝土的强度等级、每组强度值等内容，软件自动计算平均值、标准差、最小值以及评定计算结果等内容。

5. 填写质量保证资料

用以前讲过的方法，找到"隐蔽工程检查记录"这份表格，增加一份新的资料。在需要填数据的位置直接输入内容（图4-18）。

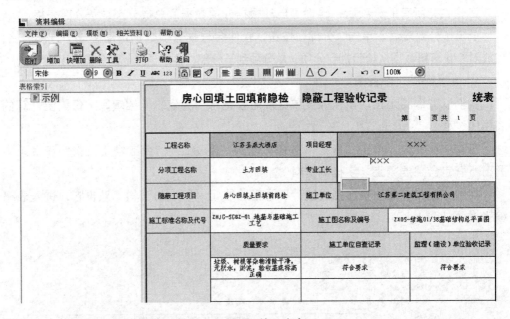

图 4-18　输入内容

注意：在类似"隐检内容"等这些较大的单元格中，如果您在输入文字时想换到下一行，可以按回车键进行换行，打开主菜单界面的系统菜单，选择系统设置，可以根据需要的样式，对回车键进行设置。千万不要用空格将文字顶到下一行，否则，在打印的时候，会出现乱码等不正常的显示。

至此，可以基本了解到用软件做资料的一般流程：快速找到要填写的资料、增加一份新资料（软件自动填写工程信息）、检验批资料量测项目可随机填充合格数据、自动汇总分项和分部数据、计算类的表格只需输入基础数据，软件自动计算、常用施工特殊符号的快速输入等。

4.4.3　主界面功能介绍

1.【文件】

(1) 项目管理

打开项目管理，可以建立新的工程，如果您的工程与做过的工程类似，可以选中这个工程，然后，选择新建工程下的"以当前列表选中工程为模板"软件将以当前工程为模板，建立一个新的工程，新工程资料完全与当前工程相同，您只需要对新的工程稍加修改即可。还可以对原工程的工程信息进行修改，选中工程，点击"工程信息"，在弹出的对话框中修改工程信息。

（2）导出资料

选择主界面"文件"菜单下的"导出资料"，弹出导出资料窗口。这里目录默认是列出了我们做过的所有资料。我们可以选中"按时间导出资料"，选择开始日期和结束日期，过滤出这个时间段内的资料。也可以通过单击每个节点前面的复选框，可设置是否导出该份资料。

软件默认导出资料到桌面上，您可以单击按钮更改导出的位置。最后，单击按钮，导出资料。您还可以点击，将文件导出为 Excel 文件，方便用户直接打开导出的文件。

（3）导入资料

导出资料后，可用 U 盘把导出的文件夹复制到要导入的电脑中，进入软件后，选择"文件"菜单下的"导入资料"菜单，选择要导入资料文件夹的位置，确定后，该文件夹内的资料被导入当前工程中。

（4）退出系统

2.【目录】

（1）显示全部资料目录

单击"目录"菜单下的"显示全部资料目录"菜单，或单击"目录"按钮，可显示当前工程的全部目录。

（2）查找资料

单击"目录"菜单下的"查找资料"菜单，或单击"查找"按钮，输入要查找资料的部分名称，可快速找到要填写的资料。例如我们输入"钢筋"两个字，单击确定后，可在目录中列出所有包含"钢筋"字样的资料。

（3）过滤资料

单击"目录"菜单下的"过滤已做资料"或单击"过滤"按钮，可在目录中显示做过的所有资料。每份资料前方括号内的数字表示该份资料已做过的份数。

3.【电子档案】

（1）资料组卷

资料组卷是为刻录上报光盘做准备的。选择资料组卷，在弹出的对话框中选择组卷，软件会自动将需要刻录为光盘的内容复制到桌面上。

设置功能，可以彻底改变表格的打印份数，方便您的使用。

选择设置，在弹出的对话框中设置打印份数。

（2）刻录上报光盘

施工单位做完工程资料后，可用软件的"刻录上报光盘"功能将工程数据刻录成能自动播放的光盘。单击"电子档案"菜单下的"刻录上报光盘"，进入"刻录上报光盘"窗口。选择"组织上报文件"，将要刻录的内容复制到桌面上。

软件提示您刻录文件夹里的内容到光盘，单击确定。软件自动弹出一个打开的文件夹，您只需要刻录文件夹中的内容即可（不需要刻录文件夹，否则光盘不自动播放）。当软件提示刻录成功后，可将光盘取出。刻录出的光盘包含了当前工程的所有资料，施工单位可将光盘报给需要的监理单位或甲方等部门。

（3）签章设置

需要电子签章设置的用户，可以点击电子档案下的签章设置。在弹出的对话框中选择增加，软件提供两种选择，一种是来自图片，另外一种是手写，有手写板的用户，可以选择手写签字。

【实训】

对照以前完成的工程资料文档，利用软件编辑一套电子文档工程资料。

【课后讨论】

资料软件的核心功能有哪些？

相关知识

混凝土结构装配式建筑资料管理

项目资料员应严格按资料归档要求及时整理、跟踪施工资料。资料管理内容应包括前期资料管理、材料复试、检验批管理、隐蔽工程资料管理、工程定位测量、放线验收记录管理及现场过程控制资料管理等。

前期资料应包括下列内容：

1. 厂家资质证明；

2. 构件性能检测文件；

3. 高强灌浆料产品合格证、使用说明书及出厂检验报告；

4. 坐浆料产品出厂检验报告、合格证、预埋件出厂合格证；

5. 灌浆直螺纹钢筋接头型式检验报告、工艺性能检测报告；

6. 构件生产前完成的钢筋套筒灌浆连接接头抗拉强度试验报告；

7. 预制构件原材料（水泥、黄沙、砂石、钢筋等）质量证明文件；

8. 保温板型式检验报告及复试报告；

9. 预制构件（内外墙、叠合板、楼梯、PCF板、阳台、预制梁等）出厂合格证及对应抗压试块标养复试报告；

10. 项目所在地建设行政主管部门及城建档案馆要求的其他资料。

检验批资料应包括下列内容：

1. 现浇结构模板安装、拆除记录；

2. 钢筋原材料、加工、连接、安装记录；

3. 混凝土原材料、配合比设计、施工记录；

4. 现浇结构施工记录；

5. 装配式混凝土结构预制构件记录；

6. 装配式混凝土结构施工记录。

隐蔽工程资料应包括下列内容：

1. 钢筋隐蔽工程验收记录；

2. 灌浆套筒连接隐蔽工程验收记录。

材料复试资料应包括下列内容：

1. 除低温快硬型灌浆料外，钢筋接头灌浆料原材料复试报告；

2. 坐浆料原材料复试报告；

3. 钢筋灌浆直螺纹连接接头检测报告；

4. 钢筋接头灌浆料试块强度检测报告；

5. 坐浆料试块强度检测报告。

现场过程控制资料应包括下列内容：

1. 工程测量过程控制确认表；

2. 预制构件进场检查验收记录表；

3. 钢筋定位模具进场验收记录表；

4. PC 吊装跟班施工记录表；

5. 构件连接基础面检查记录表；

6. 灌浆施工记录表。

单元小结

建筑工程竣工验收之前必须先制作好工程资料，为此首先要清楚应准备哪些资料、如何填报、如何组卷。近年来计算机软件的应用使资料的制作水平和效率大大提高，作为工程技术人员必须掌握用计算机软件制作工程资料。

单元课业

课业名称：用计算机制作一套单位工程竣工资料。

时间安排：利用课余时间在本单元授课任务完成后两周内完成。

一、课业说明

从专业资源库中调出某一单位工程文档资料，用计算机软件将之制成电子文档。

二、任务内容

每班按 3~4 名成员分为若干小组。

三、课业评价

评价内容与标准

技能	评价内容	评价标准
资料归类	1. 顺序正确 2. 内容齐全	1. 内容齐全 2. 填写规范 3. 光盘刻录质量高
制作资料	1. 表格选取正确 2. 表格内容填写规范	
刻制光盘	1. 盘内内容明晰 2. 版面美观	

能力的评定等级

4	C. 能高质、高效地完成此项技能的全部内容，并能指导他人完成； B. 能高质、高效地完成此项技能的全部内容，并能解决遇到的特殊问题； A. 能高质、高效地完成此项技能的全部内容
3	能圆满地完成此项技能的全部内容，并不需要任何指导
2	能完成此项技能的全部内容，但偶尔需要帮助和指导
1	能完成此项技能的全部内容，但是在现场指导下完成的

注：不合格：不能达到 3 级； 合格：全部项目都能达到 3 级水平；
良好：60％项目能达 4 级水平； 优秀：80％项目达到 4 级水平

附录 1

某
工
程
竣
工
验
收
报
告

施 工 单 位：江苏××建设集团有限公司

项 目 经 理：×××

技术负责人：×××

2017 年×月×日

一、工程概况

建设单位：××××

设计单位：××××建筑设计研究院

勘察单位：××××工程新技术发展公司

监理单位：××××工程建设监理公司

施工单位：江苏××建设集团有限公司

本工程位于××市××路××号，建筑面积 19198m²，框架结构，层数为四层，局部五层。建筑工程等级为二级，使用年限为 50 年，抗震设防烈度为 7 度，耐火等级为二级。建筑总高度为 23.15m，除地下室层高 3.9m 及 1～4 轴线三层层高 5.2m 外，其余楼层层高均为 4.5m。

二、施工过程中质量控制

1. 组织保证措施

建立岗位责任制和质量监督制度，明确分工，落实施工质量控制责任，各岗位各负其责。

2. 建筑材料质量的保证措施

本工程所用一切材料（原材料、成品、半成品）除甲供材料外，均由项目部统一采购、统一保管，材料进入施工现场后由材料员检查，检验材料的质量、产品的合格证及厂家的检测报告，并按规定进行取样检测，对不合格的产品坚决清退，禁止入场。

三、工程质量控制的依据、措施

（一）本工程质量控制的依据

1.《建筑工程施工质量验收统一标准》GB 50300—2013；

2.《砌体结构工程施工质量验收规范》GB 50203—2011；

3.《混凝土结构工程施工质量验收规范》GB 50204—2015；

4.《建筑地面工程施工质量验收规范》GB 50209—2010；

5.《建筑装饰装修工程质量验收规范》GB 50210—2001；

6.《屋面工程质量验收规范》GB 50207—2012；

7.《建筑给水排水及采暖工程施工质量验收规范》GB 50242—2017；

8.《建筑电气工程施工质量验收规范》GB 50303—2015；

9. 本工程的施工图纸及设计变更。

（二）工程质量控制的措施

1. 建立健全质量、安全领导小组，明确质量标准，牢固树立"百年大计、质量第一"的思想意识，确保优质工程。

2. 认真执行、实施质量保证体系，实行项目经理、项目技术负责人责任制，施工技术员岗位责任制，现场施工人员持证上岗制。

3. 施工组织设计、施工方案必须经建设、监理单位审批同意后方可施工，并严格按施工组织设计、施工方案实施。

4. 工程施工质量实行各分部、分项、检验批质量控制管理办法，对各分项施工前技术人员先交底，并对现场质量跟踪控制，质检员对各检验批进行过程检查，做到层层检查、道道把关。

5. 隐蔽工程的质量验收，严格遵从设计与国家验收规范的验收制度，首先自检，然后再报监理单位验收，验收通过并签证后方可进行下道工序的施工。

四、施工过程中的控制

（一）基础、主体分部工程

基础、主体分部工程分别于 2017 年 4 月 20 日和 2017 年 9 月 11 日，由建设单位、设计单位、勘察单位、监理单位、施工单位和质量监督站分别对基础、主体分部工程进行验收，结果合格。

（二）装饰分部工程

1. 楼地面工程

（1）地面基土平整，碎石垫层的厚度及标高正确，浇筑地面混凝土采用承插式振动器和振动梁振捣密实，混凝土浇筑时根据墙上所弹"50"线及标高控制桩找准标高，用 2.5m 铝合金刮杆找平，用磨光机分遍磨平压光，混凝土强度等级符合设计要求。

（2）地砖楼地面采用 1 : 4 干硬性水泥砂浆铺贴，铺贴前先将楼面上浮渣清理干净，并洒水湿润，然后刷水泥浆一遍随刷随铺，干硬性水泥砂浆做结合层，从里往外摊铺，用刮杆压实擀平，再用木抹子搓揉找平，随即铺贴地砖，铺贴时，拉通线将地砖依线平稳放下，用橡皮锤轻击，试铺砂浆振实，缝隙宽度、平整度等满足要求后，揭开地砖（结合层如不密实、有空隙，则应填砂浆搓平），在地砖下面刮一层素水泥浆正式铺贴，轻轻敲击、找平、找直，地砖铺完两天后擦缝。

2. 抹灰及涂饰工程：抹灰施工中使用的石灰膏经过不少于 15d 的熟化，并将未熟化的颗粒和其他杂质清除干净。外墙面抹灰自上而下进行，避免了交叉污染，室内抹灰在铝合金门窗框、暗装管道等完工后进行，室内阳角部位用 1 : 2 水泥砂浆粉护角线，高度 2000mm，每侧宽度不小于 50mm，内墙抹灰完毕并收干后刮两遍腻子，再用砂纸打磨并刷白色乳胶漆。

3. 门窗工程：安装铝合金门窗框时，对门窗框的水平标高、平面位置、开启方向进行全面检查，确保门窗框的垂直度和平整度，框与墙体连接固定点及密封胶处理均符合规范要求，且安装牢固。防火门阴阳角方正，割角严密，表面光洁，隐蔽面均进行防腐处理。

4. 外墙保温工程（涂料饰面）

（1）保温工程的施工在基层施工质量验收合格后进行。

（2）保温工程施工前，外门窗洞口通过验收，门窗框安装完毕。

（3）抹灰前对墙柱连接处缝隙用钢丝网片加固。

（4）气温高于 35℃ 或连续 24h 中的最低温度低于 5℃ 不宜施工。

（5）材料配制：水泥复合保温砂浆的配置：先将水倒入搅拌机内，再将保温材料按一定比例倒入搅拌机内。搅拌时间自投料完毕起不小于 6min，稠度控制在 7～9cm 范围内，4h 内用完。

（6）施工程序：门窗框四周堵缝→墙面清理→吊垂直、套方、抹灰饼、冲筋→弹抹灰层控制线→涂界面剂→抹第一遍保温砂浆→抹第二遍保温砂浆→检验平整度、垂直度、厚度→安装分格条→抹抗裂砂浆→铺压网格布。

（7）施工要点：在保温层施工前，提前浇水湿润墙体。界面砂浆的涂抹：混凝土墙柱用铁抹子将界面剂均匀抹在基层上，厚度不小于 2mm。砖墙用滚筒将界面砂浆涂刷在基层上，厚度不小于 2mm。

保温层施工：保温层施工时分遍进行，每遍厚度不宜超过 15mm，涂抹时抹平压实，分层抹灰时间间隔 24h 以上，待厚度达到冲筋面时，先用大杠刮平，再用铁抹子用力抹平压实。

抗裂砂浆施工：抗裂砂浆面层抹灰必须在最后一遍保温层充分凝固后进行，一般在 7d 后或手按不动表面情况下进行。

网格布施工：用铁抹子将抗裂砂浆粉刷到保温层上，厚度应控制在 3～5mm，先用大杠刮平，再用塑料抹子搓平，随即将事先安分格缝间距裁好的网格布沿分格缝用铁抹子将网格布压入抗裂砂浆中，搭接长度不应小于 5cm。

（三）屋面分部工程

本工程屋面采用卷材防水屋面、刚性防水屋面，并设置纵横方向排汽道，排汽道的宽度为 100mm，找坡层采用散状水泥珍珠岩，找坡层上做 15mm 厚 1：3 水泥砂浆找平层，再用 40 厚聚苯乙烯泡沫塑料板满铺，上做 20mm 厚 1：3 水泥砂浆找平层，然后绑扎钢筋网片浇筑 C20 细石混凝土防水层，干燥后满涂冷底子油两道，铺设 SBS 防水卷材，铺设同一跨时先铺设排水比较集中的落水口部位并铺设卷材附加层，在屋面与突出屋面结构及女儿墙的连接处，卷材贴在立面上的高度不小于 250mm，细石混凝土防水层钢筋采用 φ4 冷拔条，钢筋网的规格、间距按设计要求（间距 150 双向），分格缝处钢筋断开并弯成 90°，钢筋置中偏上，保护层厚度不小于 10mm，待混凝土强度达到要求后，分格缝处采用防水油膏灌缝。

（四）给水排水分部工程

1. 所有的管道和配件在加工、制作过程中，严格按照施工工艺和施工程序精心加工，管道连接紧密，外观美观，坡度正确，并按规范规定设置支架和伸缩装置。

2. 管道穿越建筑物楼板、墙体、基础时预留空洞，加保护套管，待管道安装完毕后用 1：2.5 水泥砂浆或细石混凝土填实。

3. 排水管道横管和立管交接处采用顺水三通弯头，存水弯处加检查口，以利维修。

4. 整个给排水系统安装完毕后，进行水压试验和通水调试，确保工程无"渗、漏、堵、卡"等质量通病。

（五）电气分部工程

1. 熟悉图纸，理解设计意图，做好图纸会审记录。

2. 及时做好预埋布管工作，仔细核对检查，做到正确无遗漏，并会同建设、监理单位进行隐蔽工程验收，做好有关资料的签证。

3. 在预埋敷管或管内穿线时，留有适当余量，准确定位后再安装有关设备和部件，确保安装后准确、美观，符合规范所规定的要求。

4. 测量线路绝缘电阻时，会同建设、监理单位按系统、按回路共同测试，做到测试仪器精确，测试结果准确。

5. 所有线路施工完成后，进行绝缘电阻测试及通电试验，观察各系统施工效果。

五、施工资料情况

1. 项目部设一名专职资料员，在技术负责人的领导下，对文件、质量控制资料、质量记录等进行收集汇总，做到全面和正确。

2. 施工图纸、设计变更、会议纪要、技术核定单、施工规范等文件作为受控文件发放，在技术负责人的授权下，发放给各级具体施工人员。

3. 所有材料进场必须有质量保证书，材料质保书复印件必须符合文件规定。

4. 对施工中生产的质量情况及时记录，保证资料正确、真实，质量记录由相关管理人员和监理、设计、建设等单位逐级填写签证，认可后交资料员保管，下道工序必须在上道工序检验合格后方可施工。

5. 所有的资料由资料员收集、分类、成册、汇总和编号，做到检索方便，可随时交监理、业主和质检站检查和验收，工程竣工后及时移交给业主和有关单位查阅存档。

六、分部工程质量评定

1. 基础分部工程：合格

2. 主体分部工程：合格

3. 装饰分部工程：合格

4. 屋面分部工程：合格

5. 给排水分部工程：合格

6. 电气分部工程：合格

本工程质量控制资料共 9 项，符合要求 9 项；安全和主要使用功能共 8 项，符合要求 8 项。单位工程观感质量检查：好。

七、企业自评质量等级

我单位建设的××××工程已完成施工图纸设计及合同中约定的内容，已初验，工程资料齐全，符合设计与规范要求，根据现行国家验收规范及标准，本企业自评质量等级为合格。

附录 2

某工程竣工质量评估报告

建设单位：××××　建设发展总公司

设计单位：××××建筑设计院有限责任公司

承包单位：×××××××有限公司

监理单位（章）：×××建设监理有限公司

总监理工程师：

公司技术负责人：

日　　期：2017 年×月×日

目　　录

一、工程概况

1. 工程建设相关单位概况

工程名称	×××楼	地理位置	×××
建设单位	×××房地产有限公司	设计单位	×××第三建筑设计院
勘察单位	×××岩土工程新技术发展公司	监理单位	×××监理公司
监督单位	×××土木建筑质量监督站		
施工总包单位	×××建筑工程总公司		
施工分包单位	×××商品混凝土公司		
合同工期	开工日期　　年　月　日；竣工日期　　年　月　日		

2. 建筑设计概况

建筑面积		建筑物总高		
层　数		室内±0.000高程		基础深度
层数位置				
一　层				
标准层				
阁　楼				
建筑防火设计	耐火等级为二级			
建筑防水设计	卫生间地面为聚氨酯涂膜防水 平屋面SBS改性沥青防水卷材			
屋　面	平屋面保温层上C20细石混凝土刚性防水，坡屋面为混凝土瓦屋面			

3. 结构设计概况

部　位	结　构　参　数	砂浆、混凝土强度
垫　层		
基　础		
梁、板		
柱		
构造柱		
砖砌体		

4. 分项、分部工程划分

分部工程	子分部工程	分　项　工　程
地基基础分部工程	土方子分部	土方开挖、土方回填
	混凝土基础子分部	模板、钢筋、混凝土、现浇混凝土
主体结构分部工程	混凝土子分部	模板、钢筋、混凝土、现浇结构
	砌体子分部	砖砌体、配筋砖砌体
装饰分部工程	地面子分部	找平层、防水层、水泥砂浆面层、混凝土面层
	抹灰子分部	一般抹灰
	门窗子分部	木门制作安装、进户门安装、塑钢窗安装、玻璃安装
	图饰子分部	水性涂料、溶剂型涂料
	细部子分部	护栏扶手制作与安装
屋面分部工程	刚性防水屋面	找平层、卷材防水层、保温层、隔离层、细石混凝土防水层、密封材料嵌缝、细部构造
	瓦屋面	找平层、保温层、水泥瓦
给排水分部工程	室内给水子分部	室内给水管道及配件安装分项
	室内排水子分部	室内排水管道及配件安装分项
建筑电气分部工程	电气照明安装	电线导管及导线敷设，导线连接及电气试验，照明配电箱安装，普通灯具安装，开关、插座安装，照明通电试运行
	防雷及接地安装	接地装置安装，避雷引下线及接地干线敷设，建筑物等电位连接，接闪器安装

5. 实物完成情况

该工程各项工程量已按设计图纸和合同约定的内容基本施工完毕，并于 2009 年 6 月 15 日申请竣工预验收，经监理部核查该工程已按设计文件和合同约定的工程内容完成，具备了竣工验收条件。

二、质量评估依据

1. ×××号楼工程施工图纸及设计变更单。

2. 建筑工程施工质量验收资料。

3. 施工验收规范：

(1)《建筑工程施工质量验收统一标准》GB 50300—2013;

(2)《地基与基础工程施工质量验收规范》GB 50202—2002;

(3)《混凝土结构工程施工质量验收规范》GB 50204—2015;

(4)《砌体结构工程施工质量验收规范》GB 50203—2011;

(5)《屋面工程质量验收规范》GB 50207—2012;

(6)《建筑地面工程施工质量验收规范》GB 50209—2002;

(7)《建筑装饰装修工程质量验收规范》GB 50210—2001。

4. 设计规定的相关图集及关于施工质量的文件、法规。

5.《监理规划》、《监理细则》及对工程建设质量的巡视、检查、平行检验等记录。

6.《建设工程施工合同》。

三、竣工预验收经过

本工程根据施工单位提交的单位工程竣工预验收申请，于 2009 年×月×日经监理组织建设单位、设计单位、施工单位共同参加，对工程进行了预验收，根据分工和预验收程序，对工程实体和资料进行了全面检查，并提出了验收遗留问题及整改办法(详见遗留问题整改办法)，通过了预验收评估结论。

四、材料及分部分项工程质量评定

1. 材料质保资料及试验记录审查

表一

序号	项目名称	应有分数	实有分数	审查情况	备　注
1	钢筋出厂合格证，检测报告	44	44	基本齐全	
2	水泥合格证、检测报告	7	7	基本齐全	放射性1份
3	黄砂放射性合格证及检测报告	4	4	基本齐全	放射性2份
4	砖出厂质保资料、复试报告	6	6	基本齐全	见证复试3份
5	砂浆试块检测报告	10	10	基本齐全	现场取样复检2组
6	混凝土试块检测报告	23	23	基本齐全	同条件4组
7	预拌商品混凝土资料	21	21	基本齐全	
8	外墙保温砂浆资料	3	3	基本齐全	
9	挤塑保温板	1	1	基本齐全	

续表

序号	项目名称	应有分数	实有分数	审查情况	备　注
10	住宅烟气、排气道	1	1	基本齐全	
11	SBS 合格证及检测报告	1	1	基本齐全	
12	门窗合格证及检测报告	8	8	基本齐全	
13	高级水性外墙漆质保资料	2	2	基本齐全	
14	不锈钢护栏质保资料	1	1	基本齐全	
15	混凝土瓦合格证、检测报告	2	2	基本齐全	
16	室外排水管材、管件	2	2	基本齐全	
17	$10^{\#}$ 石油沥青	1	1	基本齐全	
18	聚氨酯防水涂料	1	1	基本齐全	
19	PVC 电气线管合格证、检验报告	6	6	基本齐全	
20	接线盒合格证、检验报告	1	1	基本齐全	
21	分户箱、信息箱合格证检测报告	1	1	基本齐全	
22	PVC-U 排水管材/件合格证检验报告	2	2	基本齐全	
23	PP-R 给水管材/件合格证、检验报告	2	2	基本齐全	
24	绝缘导线合格证、检验报告	1	1	基本齐全	
25	开关、插座合格证、检验报告	2	2	基本齐全	
26	断路器、漏电断路器合格证检验报告	3	3	基本齐全	
27	镀锌钢管、扁铁、圆钢合格证检验报告	4	4	基本齐全	
结　论	基本齐全				

2. 子分部、分项、检验批工程评定核查表

地基与基础分部工程　　　　　　　　　　　　　　　　表二

分部工程名称	子分部工程名称	分项工程名称	检验批数	施工单位检查评定	监理单位验收结论
地基与基础分部工程	土方	土方开挖	1	合格	合格
		土方回填	1	合格	合格
	混凝土基础	模板	4	合格	合格
		钢筋	4	合格	合格
		混凝土	6	合格	合格
		现浇结构	2	合格	合格
结　论	合　格				

主体分部工程　　　　　　　　表三

分部工程名称	子分部工程名称	分项工程名称		检验批数	施工单位检查评定	监理单位验收结论
主体	混凝土结构	模板		35	合格	合格
		钢筋		44	合格	合格
		混凝土（混凝土施工）		19	合格	合格
		混凝土（原材料、配合比）		19	合格	合格
		现浇结构		13	合格	合格
		结构实体检测	同条件养护试块	4 组试块	合格	合格
			保护层实体检测	抽查 5 个构件	合格	合格
	砌体结构	砖砌体		11	合格	合格
		配筋砌体		11	合格	合格
结　论				合　格		

建筑装饰装修分部工程　　　　　　　　表四

分部工程名称	子分部工程名称	分项工程名称	检验批数	施工单位检查评定	监理单位验收结论
建筑装饰装修	地面	基层	2	合格	合格
		隔离层、填充层	1	合格	合格
		水泥砂浆面层	4	合格	合格
		混凝土面层	7	合格	合格
	抹灰	一般抹灰	8	合格	合格
	门窗	木门制作与安装	2	合格	合格
		塑料门窗安装	6	合格	合格
		窗玻璃安装	6	合格	合格
		金属门窗安装	4	合格	合格
	涂饰	水性涂料装饰	6	合格	合格
		溶剂型涂料	3	合格	合格
	细部	护栏和扶手制作安装	9	合格	合格
结　论			合　格		

建筑屋面分部工程　　　　　　　　表五

分部工程名称	子分部工程名称	分项工程名称	检验批数	施工单位检查评定	监理单位验收结论
建筑屋面	瓦屋面	找平层	2	合格	合格
		保温层	1	合格	合格
		水泥挂瓦	1	合格	合格
	平屋面	水泥炉渣找坡	1	合格	合格
		找平层	1	合格	合格
		卷材防水	1	合格	合格
		保温层	1	合格	合格
		细石混凝土防水	1	合格	合格
		密封材料嵌缝	1	合格	合格
		细部构造	1	合格	合格
结　论			合　格		

给水排水分部工程　　　　　　　　　　　　　　　表六

分部工程名称	子分部工程名称	分项工程名称	检验批数	施工单位检查评定	监理单位验收结论
给水排水	室内给水	室内给水管道及配件安装	8	合格	合格
	室内排水	室内排水管道及配件安装	8	合格	合格
结　　论		合　　格			

建筑电气分部工程　　　　　　　　　　　　　　　表七

分部工程名称	子分部工程名称	分项工程名称	检验批数	施工单位检查评定	监理单位验收结论
建筑电气	配电照明安装	电线管敷设	8	合格	合格
		电线穿管	4	合格	合格
		导线连接和线路绝缘测试	4	合格	合格
		照明配电箱安装	4	合格	合格
		普通灯具安装	4	合格	合格
		开关、插座安装	4	合格	合格
		照明通电试运行	4	合格	合格
	防雷及接地安装	接地装置安装	3	合格	合格
		避雷引下线及接地干线敷设	7	合格	合格
		建筑物等电位连接	6	合格	合格
		接闪器安装	1	合格	合格
结　　论		合　　格			

五、质量控制资料审查

单位工程质量控制资料核查记录　　　　　　　　　　　表八

序　号	项　目	资料名称	份数	施工单位核查意见	监理抽查结果
1	建筑与结构	图纸会审、设计变更、洽商记录	24	基本齐全	基本齐全
2		工程定位测量、放线记录	1	基本齐全	基本齐全
3		原材料出厂合格证及试验报告	84	基本齐全	基本齐全
4		施工试验报告及检测报告	33	基本齐全	基本齐全
5		隐蔽工程验收记录	21	基本齐全	基本齐全
6		施工记录	3	基本齐全	基本齐全
7		预拌混凝土合格证	—	—	—
8		地基、基础、主体结构检验检测资料	2	基本齐全	基本齐全
9		分项、分部工程质量验收记录	47	基本齐全	基本齐全
10		工程质量事故及事故调查处理资料	—	—	—
11		新材料、新工艺施工记录	—		

续表

序 号	项 目	资料名称	份数	施工单位核查意见	监理抽查结果
1	给排水	图纸会审、设计变更、洽商记录	9	基本齐全	基本齐全
2		材料配件出厂合格证、检验报告	6	基本齐全	基本齐全
3		给水管道压力试验、严密性试验记录	8	基本齐全	基本齐全
4		隐蔽工程验收记录	8	基本齐全	基本齐全
5		系统清洗、灌水、通水、通球试验记录	16	基本齐全	基本齐全
6		分部、分项工程质量验收记录	16	基本齐全	基本齐全
1	建筑电气	图纸会审、设计变更、洽商记录	7	基本齐全	基本齐全
2		材料进场合格证、检验报告	12	基本齐全	基本齐全
3		接地绝缘电阻测试记录	6	基本齐全	基本齐全
4		隐蔽工程验收记录	25	基本齐全	基本齐全
5		分部、分项工程质量验收记录	49	基本齐全	基本齐全
结 论		基 本 齐 全			

单位工程安全和功能检验资料核查及主要功能抽查记录　　　　表九

序 号	项 目	安全和功能检查项目	份数	施工单位核查意见	抽查结果
1	建筑与结构	屋面淋水试验记录	2	合格	合格
2		地下室防水效果检查记录	—	—	—
3		有防水要求的地面蓄水试验记录	1	合格	合格
4		建筑物垂直度、标高、全高测量记录	2	合格	合格
5		烟气（风）道工程检查验收记录	1	合格	合格
6		幕墙及外窗气密性、水密性、耐风压检测报告	1	合格	合格
7		建筑物沉降观测测量记录	—	—	—
8		节能、保温测试记录	—	—	—
9		室内环境检测报告	1	合格	合格
10					
1	给水排水工程	给水管道冲洗记录	4	合格	合格
2		给水管道压力试验	8	合格	合格
3		排水管道通球试验	4	合格	合格
4		排水管道灌水试验	4	合格	合格
5		排水管道通水试验	4	合格	合格
1	电气工程	照明全负荷试验记录	4	合格	合格
2		避雷接地电阻测试记录	1	合格	合格
3		线路绝缘电阻测试记录	4	合格	合格
4		开关、插座、线路连接检验记录	4	合格	合格
结 论		合 格			

单位（子单位）工程观感质量检查记录　　　　表十

序号		项目	检查记录										好	一般	差
1	建筑与结构	室外墙面	✓	✓	○	✓	○	✓	○	○	✓	○		✓	
2		变形缝	○	✓	✓	✓	✓	○	✓	✓	✓	✓	✓		
3		水落管、屋面	✓	○	✓	○	✓	○	✓	○	○	✓		✓	
4		室内墙面	✓	○	✓	✓	○	✓	✓	○	✓	✓		✓	
5		室内顶棚	○	✓	✓	✓	✓	✓	✓	✓	✓	✓		✓	
6		室内地面	✓	✓	○	○	○	✓	✓	○	✓	✓		✓	
7		楼梯、踏步、护栏	✓	○	✓	✓	○	✓	✓	✓	○	✓		✓	
8		门窗	○	✓	✓	✓	✓	✓	✓	✓	✓	✓			
1	给水排水	管道接口、坡度、支架	✓	○	✓	✓	✓	✓	✓	○	○	✓		✓	
2		检查口、清扫口、地漏	✓	○	✓	✓	✓	✓	✓	○	✓	✓	✓		
1	建筑电气	配电箱、接线盒	✓	✓	✓	○	✓	✓	✓	✓	✓	✓	✓		
2		开关、插座	○	✓	✓	✓	○	✓	✓	✓	✓	✓	✓		
3		防雷、接地	✓	✓	✓	○	✓	✓	○	✓	✓	✓	✓		
观感质量综合评价		一般													
检查结论		一般													

六、预验收存在问题及商定解决方法

序号	验收存在问题	商定解决方法
1	进户门洞口找补不密实	重新找补
2	室内地坪局部存在开裂现象	凿除重新处理
3	塑钢窗框、玻璃及不锈钢护栏清理不到位	清理干净
4	阁楼木门洞口有空鼓现象	重新处理
5	局部楼梯扶手存在掉漆，踏步破损现象	重新处理
6		
7		
8		

复查意见：已按商定解决方法处理好。

监理工程师：×××

2017 年 6 月 20 日

七、验收评估结论

××楼，施工承包单位依据设计施工图纸及设计变更、有关建设文件以及现行的施工技术验收规范等，按照施工承包合同已完成。预验收小组通过对工程实体质量验收和验收评定资料审查后，认为：

(1) 工程质量和使用功能符合规范和强制性条文要求；

(2) 六个分部工程全部合格；

(3) 质量控制资料符合规范要求；

(4) 安全和主要使用功能核查结果符合要求；

(5) 观感质量一般。

综合上述情况，本工程评定结论为合格，同意进行竣工验收。

八、参加预验收人员名单

组　别	姓　名	单位名称	工作内容
土建组			单位工程竣工预验收
水电组			单位工程竣工预验收

××××××建设监理有限公司

年　月　日

附录 3

单位（子单位）工程竣工验收报告

工程名称：　×××× 楼

验收日期：　2017 年 × 月 × 日

建设单位：　××××

一、工程概况

工程概况

工程名称	××××楼			
工程地址	×××市×××路×××号			
工程类型	☑1. 建筑工程；□2. 设备安装工程；□3. 装饰装修工程；□4. 市政基础设施工程； □5. 其他			
结构类型	框架	市政基础 设施工程	工程类别	
层数	三层局部四层		工程数量	
建筑面积	19198m²	地上 m²；地下 m² （其中人防面积 m²）	施工许可证号	×××
子单位 工程部位		子单位 工程面积 m²	工程规划 许可证号	×××
子单位工程开工日期	××年×月×日		子单位工程 竣工验收日期	××年×月×日
单位工程开工日期	2017年×月×日		单位工程竣工验收日期	2017年×月×日
	单位名称		法人代表	项目负责人
			联系电话	联系电话
建设单位	×××××		李××	赵××
			137××××××××	139××××××××
勘察单位	×××××新技术发展有限公司		陈××	王××
			138××××××××	136××××××××
设计单位	×××××设计研究院		季××	王××
			159××××××××	159××××××××
监理单位	×××××工程建设监理公司		仝××	侯××
			158××××××××	151××××××××
施工单位	×××××建设集团有限公司		孟××	邵××
			138××××××××	136××××××××

二、工程竣工验收实施情况

（一）验收组织

建设单位组织勘察、设计、施工、监理等单位和其他有关专家组成验收组，根据工程特点，下设若干个专业组。

1. 验收组

组长	
副组长	
组员	

2. 专业验收组

专业组	组　　长	组　　员
建筑工程		
建筑设备安装工程		
通讯、电视、燃气等业工程		
工程质保资料		

（二）验收程序

1. 建设单位主持验收会议：建设单位×××主持验收会议，宣布竣工验收方案，介绍参加验收会议人员。

2. 建设、勘察、设计、监理、施工单位分别汇报合同履约执行情况和在工程建设各个环节中执行法律、法规和工程建设强制性标准的情况。

3. 审阅建设、勘察、设计、监理、施工单位的工程档案资料。

4. 实地查验工程实体质量。

5. 专业验收组发表意见，对工程勘察、设计、施工各个环节作出全面评价，验收组形成工程验收意见。

（三）工程质量评定

分部工程名称	验收意见	质量控制资料核查	安全和主要功能核查及抽查结果	观感质量验收
地基与基础工程				
主体结构工程				
建筑装饰装修工程				
建筑屋面工程		共　项　经审查　符合要求　项　经核定符合　规范要求　项	共核查　项，符合要求　项。共抽查　项，符合要求　项。经返工处理符合要求　项	共抽查　项　符合要求　项　不符合要求　项
建筑给水、排水及采暖工程				
建筑电气工程				
智能建筑工程				
通风与空调工程				
电梯工程				
建筑节能工程				

（四）工程验收结论

竣工验收结论：
建设、勘察、设计、施工、监理单位均认真履行工程合同约定的各方权利、义务，工程按期完成，无违约情况。工程的发包、承包、验收无违反国家相应法律、法规的行为，施工无违反工程强制性标准的情况。   建设、勘察、设计、施工、监理单位的工程施工技术资料及验收相关资料基本齐全，施工过程中能做好分项工程检验批验收，隐蔽工程检查评定记录，记录及时、真实，施工过程中未发现违反强制性标准的行为，质量控制资料完整；抽测项目检测结果符合有关规定，主要功能项目的抽查结果符合有关专业质量验收规范的规定，施工符合勘察、设计文件的要求，符合施工质量验收规范的要求，验收人员的组成、验收程序、验收内容和方法符合相关规定，本工程结构安全满足设计要求，主要使用功能满足规范要求，观感质量好，同意验收。

建设单位：	监理单位：	施工单位：	勘察单位：	设计单位：
（公章）	（公章）	（公章）	（公章）	（单位）
单位（项目）负责人：	总监理工程师：	单位（项目）负责人：	单位（项目）负责人：	单位（项目）负责人：
年　月　日	年　月　日	年　月　日	年　月　日	年　月　日

竣工验收组主要成员名单

序　号	姓　名	单　位	专　业	职务/职称	签　字

报告附件材料如下表：

序号	名　　称	页　数
1	工程质量竣工报告	1
2	单位（子单位）工程质量竣工验收记录	1
3	单位（子单位）工程质量控制资料核查记录	1
4	单位（子单位）工程安全和功能检验资料核查及主要功能抽查记录	1
5	工程勘察质量检查报告	1
6	工程设计质量检查报告	1
7	工程监理质量评估报告	1
8	工程质量保证书	1

备注：

工程勘察质量检查报告

工程名称		结构类型	
工程地址		建筑面积	
建设单位		联系电话	
勘察单位		联系电话	
设计单位		联系电话	
施工单位		联系电话	
质量检查意见		（略）	
质量检查结论		（略）	

项目勘察负责人：

勘察单位负责人：

（盖章）

年 月 日

年 月 日

工程设计质量检查报告

工程名称		结构类型	
工程地址		建筑面积	
建设单位		联系电话	
勘察单位		联系电话	
设计单位		联系电话	
施工单位		联系电话	
质量检查意见			
质量检查结论			

项目设计负责人：	设计单位负责人：
	(盖章)
年 月 日	年 月 日

工程监理质量评估报告

工程名称		结构类型	
工程地址		建筑面积	
建设单位		开工日期	
设计单位		完工日期	
监理单位		合同工期	
施工单位		工程造价	
质量评估意见			
质量总体结论			

监理工程师：	总监理工程师：	监理单位（公章）：
年　月　日	年　月　日	年　月　日